部活で スキルアップ！

放送部

活躍のポイント

増補改訂版

JN093136

NHK杯全国高校放送コンテスト全国大会決勝 審査員
一般社団法人日本放送作家協会前理事長
さらだたまこ 監修

はじめに

　番組を企画し台本を書く放送作家の立場から、若い人たちがつくる番組や脚本の審査、あるいは指導を重ねてきた経験から、本書を監修させていただきました。番組づくりはチームワークなので、お互いの仕事内容をよく理解しなければなりません。

　本書では出演・構成・演出・制作と番組づくりを基礎からしっかり学び、創作が楽しめる内容になっています。ぜひ、読みこなし、使いこなしてください。

　近年の技術革新により、誰もが気軽にスマホ一台でも番組を収録・編集し、ネットに乗せて世界中に発信できる時代になりました。部活でつくる番組も、既成概念にとらわれない斬新なアイデ

アが集結すれば、プロの放送人が考えもつかない表現がどんどん生まれてくると、大いに期待しています。しかし、番組づくりの基本は昔も今も変わりません。技術革新ばかり追いかけても、また表面的な面白さを追っても、「何を伝えたいか」がぶれてしまっては受け手の魂を揺さぶりません。つくり続け、悩み続け、諦めない姿勢の先に正解があると思います。

さらだたまこ

CONTENTS

3章　さらにステップアップを目指して
【テレビ・ラジオ／ドキュメント・創作ドラマ編】

4章　情報リテラシーとメディアリテラシー

※本書は 2019 年発行の『部活でスキルアップ！放送　活躍のポイント 50』を元に、新しい内容の追加と必要な情報の確認・更新、書名の変更を行い、「増補改訂版」として新たに発行したものです。

1章

基礎力を
アップさせよう

　本章では、朗読、アナウンス、テレビ・ラジオのドキュメント・創作ドラマなどの各担当メンバー共通の基礎力を伸ばすためのポイントを紹介します。
　ここでは放送部のメンバーとして、発声練習や呼吸法、正しいアクセントなどを身につけて基礎力をアップさせましょう。

基礎力を高めるための
練習メニューを組もう

学校内はもとより、地域社会への貢献も果たす放送部。その活躍の場は留まることがありません。そうした中で、個々のメンバーには放送技術や司会、アナウンスの力量、地域の人々に接する機会も多いことからマナーも学んでおく必要もあります。さらに、地域の大会や大きな全国大会への出場に向けた準備にも日々取り組んでいかなくてはなりません。

行き当たりばったりの練習はNG

放送部のメンバーは、日々の校内放送に加えて、学校行事の司会やアナウンス、場合によっては地域のイベントでの司会など、さまざまに自らの実力を試す機会があります。そうした機会に依頼者の期待通りの役割を果たせるようになることはもとより、地域の大会や大きな全国大会への出場に向けた準備など、そこで成果を出すためには、決して「行き当たりばったり」の練習ではいけません。そこでは少なくとも基礎力を維持・向上させ

るための練習が必要となります。

👆 **ワンポイントアドバイス**

日々の練習メニューを決め、それぞれの内容はタイムプランを決めておきましょう。

一日のメニューと
それぞれの時間配分を決めよう

　日々の基礎練習は大事です。ですが、それぞれの基礎項目について「○○を何分」やろう、「○○を何時何分までやろう」と具体的に決めて行っているところは少ないのではないでしょうか？　レベルアップの第一歩は、できるだけ毎日欠かさずに、練習項目ごとに決めた時間をしっかり守って練習していくことです。

> ＜1日の練習メニュー例＞
> ・準備体操（10分）
> ・発声練習（15分）
> ・活舌練習（5分）
> ・ロングトーン（5分）

基礎練習を毎日続けよう

　大会前直前になって一生懸命に基礎練習をはじめても、それが短期間ではその人の実力にはなりません。よくありがちな、「明日の試験対策に徹夜で臨む」というわけにはいかないのです。放送部部員に求められることは、そうした知識・記憶型の勉強はもとより、何よりも発声や発音のスキルや熟練度が求められるからです。これには日々のボイストレーニングが欠かせません。なぜならば、そこには体の関係器官、特に肺活量や腹筋、背筋などの筋力を上げていくことも大切な要素となるからです。

ステップアップのためにこれだけは心がけよう!!	①練習メニューを組もう。 ②目的に合わせた時間配分が大事。 ③基礎練習は毎日続けよう。

効果的な発声練習をしよう

放送部の活動は声を出すことが活動の土台となるため、発声練習は重要な練習メニュー。そこで毎日の練習を意義あるものにするためには、効果的な練習を積み重ねていくことが大切です。それには、声帯のメカニズムや声のプロセスを理解し、大切なポイントを押さえて練習しましょう。

コツ 1 声帯のメカニズムや声が出るプロセスを知っておこう

人の声は、吐いた息（呼気）が器官の上部にある声帯を振動させ、その周辺の器官にも振動や共鳴を与えることによって生まれます。声帯はじん帯と筋肉でできたゴムのような振動体で、男性ではのどぼとけのあたり、女性ではのどの中心のぐりぐりを感じる部分にあります。声の原音は不明瞭な雑音ですが、それが咽頭や鼻腔などの共鳴と、舌や唇などで調音されて声となります。

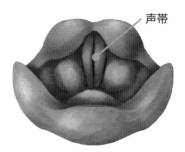

声帯

声帯は息を吸うときに開き、発声時に閉じ、高い音になるほど前後に伸びます

ワンポイントアドバイス

発声練習はノドを開いた状態で練習することが大切。

コツ 2　ノドを開いて五十音の練習をしよう

　発声の練習は、一生懸命に声を出すことから、ともするとノドに力を入れてノドが閉まった状態で大声を出すのが練習だと勘違いされがちですが、それは間違いです。ノドを痛めてしまう危険性があります。力を入れずにノドを開くことがポイントです。そうすると自然と大きく聞こえる声が出せます。ノドを開いた状態をつくるためには、「あくび」の状態が効果的です。あくびの真似をしてノドを開き、そこから「五十音」などの発声練習をすることをお勧めします。

コツ 3　スタッカートで一音一音区切って声を出す練習も効果的

　スタッカート（staccato）とは、音と音との間を切って、歯切れよく演奏することを表わす音楽の言葉です。「五十音」の発声練習を、一音一音区切って声を出す練習をやってみましょう。
「あっ・えっ・いっ・うっ・えっ・おっ・あっ・おっ」「かっ・けっ・きっ・くっ・けっ・こっ・かっ・こっ」「さっ・せっ・しっ・すっ・せっ・そっ・さっ・そっ」……。時間に余裕があれば、わ行まで続けて練習しましょう。

**ステップアップのために
これだけは心がけよう!!**

①「声」がどのように出るかのプロセスを理解しておく。
②発声練習はノドを開く。
③スタッカートで発声練習をする。

肺活量を上げるために
ロングトーンを実践しよう

ロングトーンやロングブレスを練習するのは、声の音程を安定させたり、肺活量を鍛えるのにとても良い方法です。たとえば朗読の場合、「ここは一息に読んだほうが効果的！」だと思っても、息が続かないと尻すぼみになってしまうでしょう。ロングトーンやロングブレスの練習は、放送部にとって毎日の必須練習項目でしょう。

 コツ 1

胸式呼吸ではなく
腹式呼吸ができるようになろう

　私たちが普段しがちな、胸の筋肉を使う「胸式呼吸」では、たくさん息を吸うことができません。正しい「腹式呼吸」を身につけることが大事です。腹式呼吸とは、横隔膜を動かして肺に多くの空気を取り込む呼吸法です。息継ぎをせずに長く声を出したり、安定した声を出したりするためには不可欠な呼吸法です。腹式呼吸を練習する時は、「息を吸った時にお腹がふくらみ、吐いた時に元に戻る」ことをいつも意識しましょう。

 ワンポイントアドバイス

腹式呼吸は基本中の基本。しっかりやれるようになろう。

コツ2 同じ音程を保つように、安定した発声を維持しよう

ポイント2コツ3で紹介した「五十音」の練習の際に、「あー・えー・いー・うー・えー・おー・あー・おー」……と一音を長めに発声してみましょう。まずは「あー」と15秒間程度、声を出してみましょう。声が高くなったり低くなったり、途中で細くなったりしないように気をつけながら、ぶれずに伸ばし続けるのは意外に難しいものです。リラックスができていて喉が開いていないと安定した発声ができません。同時に、腹式呼吸で、深い呼吸を心がけましょう。上手くできて

いたら、次の練習もしてみましょう。①だんだん強く発声する、②だんだん弱く発声する、③できるだけ長い時間発声する、④ビブラートをかけてみる、など。

コツ3 体の力みに気をつけよう

なお、ロングトーンが上手くできない場合は何らかの原因があります。
よくある原因としては、
①息の調節ができずに息を使い過ぎている
②緊張して体に余計な力が入っている
の2つが挙げられます。
そのような場合は、まずは腹式呼吸ができているか、体はリラックスしている

かどうかをチェックしましょう。軽く伸びをするなど体を動かしてみましょう。

ステップアップのために
これだけは心がけよう!!

①腹式呼吸を身につけよう。
②安定した発声が維持できるようになろう。
③体をリラックスさせよう。

早口言葉で活舌の練習をしよう

有名な早口言葉

- 生麦生米生卵
- 巣鴨駒込駒込巣鴨
- 隣の客はよく柿食う客だ
- 東京特許許可局長
- 菊栗菊栗三菊栗、合わせて菊栗六菊栗
- 長町の七曲がり長い七曲がり曲がってみれば
  曲がりやすい七曲がり
- この竹垣に竹立てかけたのは
  竹立てかけたかったから竹立てかけたのです
- 抜きにくい釘、引き抜きにくい釘釘抜きで抜く釘
- 瓜売りが瓜売りに来て売り残し、
  売り売り帰る瓜売りの声

など。

アナウンスや朗読には、活舌の良さが欠かせません。毎日の練習には欠かさずに活舌の練習も入れましょう。活舌の練習には「早口言葉」が効果的です。同じ早口言葉を数回連続して言ってみましょう。ゆっくり読んでも効果があります。いずれにせよ、はっきりと正確に発声していくように心がけましょう。

コツ 1 なぜ活舌が悪くなるのか、原因を理解しよう

活舌が悪くなるのは、幾つもの原因が考えられますが、主に①言い慣れていない言葉や②言いにくい言葉を発するときにありがちです。またそのほかにも、口の中だけで話そうとすることから起きる③口の形がしっかりとれていないことや④言葉を届けるべき相手に向かって発していない（声が相手に届いていない）ということも、活舌の悪さにつながっていきます。そうしたことのないように、日

ごろから、さまざまな物事への表現を意識して口にすることや、話す相手に対して確実に声が届けられるように心がけましょう。

【活舌が悪くなる主な原因】
- 言い慣れていない言葉
- 言いにくい言葉
- 口の形がしっかりとれていない
- 声が相手に届いていない

ワンポイントアドバイス

活舌の練習には、口を大きく開けて練習しよう。

コツ 2 口を大きく開けて練習しよう

　活舌の練習として早口言葉がありますが、練習の際に、日ごろの癖で口を小さく開けて練習することがあります。実は口を開ける大きさが小さいと、舌の活動域がどうしても狭くなってしまい、舌がもつれてうまく発音できなくなるのです。活舌練習のポイントは、口を大きく開けて発音することです。しかも、ハッキリと一音一音を発音することが大切です。

コツ 3 しっかりと次の発音に備えた口の形にできているかを意識してみよう

　発声の際の、音の出る前にはその音に見合った口の構え（舌の位置も含みます）があります。そして、発音した後にはその「名残の形」があるものです。特に私たちが急いで発音しようとすると、前の音の口の「名残の形」が次の音の構えになってしまいがちです。そうすると意図していない音が出てしまったり、発音できなかったりといった問題が起きます。しっかりと練習して次の発音に備えた口の形にしましょう。

ステップアップのために　これだけは心がけよう!!

①活舌が悪くなる原因を理解しよう。
②大きく口を開けて練習しよう。
③次の発音に備えた口の形を意識しよう。

ポイント **5**)))

正しい姿勢を保つ習慣をつけよう

よく響く声を出すためには、体に余分な力が入らないように、いつでも無理なく発声することができるようにしなければなりません。それには正しい姿勢を保つことが大切です。響きの豊かな声が出せるように、声を出す時の姿勢にはいつも気をつけて、正しい姿勢を保つ練習をしましょう。

コツ **1** なぜ正しい姿勢を保つことが大切なのかを理解しよう

　前述（P10参照）したように、声帯のメカニズムとして、息を吐く際に声帯が振動することによって声となります。そのとき、背中を丸めて（猫背）いたり、あごが浮いた状態で発声すると、真っ直ぐ出てくるはずの息があちこちにぶつかりながら出てくるため声は不安定になります。腹式呼吸が安定していて正しい姿勢でいれば、発声のブレはなくなります。良い姿勢は「体幹（体の内側の筋肉）」

と「下半身（太もも、足の裏）」で保ちます。

ワンポイントアドバイス

正しい姿勢で自分のベストな声を出しましょう。

コツ 2 自分は操り人形で、紐で吊るされている というイメージで立ってみよう

通常はまず足を肩幅に開き、さらにどちらかの足を少し引くと安定します。よく「背筋をピンと伸ばして」といわれて、そのことをあまり意識しすぎると、上半身に力が入ってしまい、伸びやかな声が出せないことがあります。そうならないためには、「自分は紐で吊るされている操り人形」というイメージで立ってみましょう。すると、余計な力が抜けて姿勢よく立つことができるでしょう。

コツ 3 座るときは、 椅子に深く腰かけないことが大事

座るときは、楽だからと背もたれにもたれかからないようにしましょう。また、両足の裏はしっかりと床につけましょう。そのためには、椅子には浅く腰かけるようにしましょう。

ひざはぴったりそろえないで、やや開きます。短めのスカートをはいている場合で、開くのに抵抗があるときは、足先を前後に少しずらすといいです。こうすると下半身が安定し、体の緊張もほぐれ、張りのある声が出しやすくなります。

ステップアップのために
これだけは心がけよう!!

①声と姿勢の関係を理解しよう。
②立って声を出すときは紐で吊るされているイメージを持とう。
③座って声を出すときは、背もたれに寄りかからないようにしよう。

腹式呼吸で発声する練習をしよう

伸びがあって聴き手に届く声を出すには、腹式呼吸は欠かせません。もし、声が伸びなかったり、喉を痛めやすくなっている場合は、胸式呼吸になっているのかもしれません。腹式呼吸をしっかり身につけ、肺に十分に空気を取り入れて発声練習をしましょう。

「発声」にはなぜ腹式呼吸がよいのか?

呼吸には腹式呼吸と胸式呼吸の2種類あります。なぜ、声を出すには腹式呼吸がよいのでしょうか? 第1に、胸式呼吸では十分な量の空気が吸えないため、吐く息の量も少なく、伸びのある声が出にくくなります。その点、腹式呼吸では深く息を吸えることから、発声する際に吐く息の量をコントロールしやすくなり、長く声を出し続けることができるようになります。第2に、胸式呼吸では息が浅いため、その状態で長く発声をしてしまうと、喉を痛めてしまう危険性があ

ります。第3に、腹式呼吸は深い呼吸ができるため、発声に余裕ができ、声に強弱や緩急をつけたりすることができ、深みのある感情表現ができるようになります。

<腹式呼吸のメリット>
・伸びのある声が出しやすい
・長く声を出し続けることができる
・喉を痛めない
・声に強弱や緩急をつけたりすることができ、深みのある感情表現ができる

ワンポイントアドバイス

発声の基本となる腹式呼吸を練習して身につけましょう。

コツ 2 はじめは肺にある空気を吐ききることから

まずは、口をすぼめて深く吐き、肺の中の空気をすべて吐き切りましょう。絞り切るというイメージです。吐き切ると自然に空気が肺の中に入ってきます。鼻から深く吸ってください。息を吸うときにおながが膨らみ、吐き出すとおなかがへこむようにします。ポイントとしては、おへそからこぶし1つ分下にある丹田（たんでん）を意識して吸えば、横隔膜が押し下げられ、おなかが膨らみます。

コツ 3 4パターンで練習してみよう

息を吸うとき、吐くとき、それぞれのスピードを意識しながら呼吸を練習することで、呼吸をコントロールする方法が身につきます。以下の4つのパターンで練習してみましょう。

まずは、①息を時間をかけてゆっくり吸ってからいったん止め、吸ったときと同じようにゆっくり吐きます。次に、②息をすばやく一気に吸ってからいったん止め、吸ったときと同じように一気に吐きます。その次に、③息を時間をかけて

ゆっくり吸ってからいったん止め、吸った息とは逆に一気に吐きます。最後に、④息をすばやく一気に吸ってからいったん止め、吸った息とは逆にゆっくり吐きます。

> ＜腹式呼吸の練習4パターン＞
> ①ゆっくり吸ってゆっくり吐く
> ②すばやく吸ってすばやく吐く
> ③ゆっくり吸ってすばやく吐く
> ④すばやく吸ってゆっくり吐く

まとめ

**ステップアップのために
これだけは心がけよう!!**

①腹式呼吸のメリットを理解しよう。
②腹式呼吸の最初は息を吐き切ることから。
③4パターンで腹式呼吸の練習をしてみよう。

ポイント 7
言葉の正しい発音を身につけよう
～濁音と鼻濁音～

濁音とは、日本語の音節の内、仮名に濁点（゛）を付けて表記される「ガザダバ行」の発音を言います。一方、鼻濁音とは、「ガ行（が・ぎ・ぐ・げ・ご）」を鼻に抜けるように発音するものです。濁音は、強く硬い響きですが、鼻濁音はやわらかくやさしい響きになります。上手に使い分けることが大切です。

コツ 1 濁音のルール

濁音として発音するのは、以下の場合です。

①語頭の「が」行の音（たとえば、月光・玄海灘・玄関・学校など）、②外来語（たとえば、キログラム・アレルギー・プログラム・ワイングラス・アウトソーシング・ステンドグラスなど）、③数字の5（45歳・5時55分・5番目・第5位・五品）④擬音・擬態語（たとえば、ゴーゴー・ガラガラ・ギーギー・ガーガー・ガタガタなど）、⑤接頭語の次の「が」行（たとえば、お義理・お元気など）

<濁音として発音する言葉のルール>
①語頭の「が」行の音
②外来語
③数字
④擬音・擬態語
⑤接頭語の次の「が」行

ワンポイントアドバイス

上手に使い分けて、日本語をより美しく表現しましょう。

鼻濁音のルール

①語頭の「が」行以外（単語の語中、語尾）は、原則的に鼻濁音になります。たとえば、小学校(しょうがっこう)・中学校（ちゅうがっこう)・番組(ばんぐみ)・上下(じょうげ)・限る(かぎる)・かき氷(かきごおり)など）。また、②助詞や接続詞の「が」は、すべて鼻濁音になります。たとえば、「温泉旅行に行きたいが、暇がない」、「車に乗りたいが、免許が失効している」、「ところが、探し物が見つからない」などの場合には鼻濁音となります。濁音と鼻濁音の違いがわかると思います。鼻濁音のほうがソフト感じがしますね。

<鼻濁音として発音する言葉のルール>
①語頭の「が」行以外（単語の語中、語尾）は原則的に鼻濁音
②助詞や接続詞の「が」

濁音・鼻濁音の例外

例外もいろいろあります。ここで押さえておきましょう。

①固有名詞化された数字は鼻濁音になります。

たとえば、七五三（しちごさん)・十五夜（じゅうごや）など。

②複合語で二語の意識が強いものは濁音になります。

国会議員（こっかいぎいん)・高等学校（こうとうがっこう)・教養学部（きょうようがくぶ）など。

<濁音・鼻濁音の例外>
①固有名詞化された数字は鼻濁音になります。
②複合語で二語の意識が強いものは濁音になります。

まとめ

ステップアップのためにこれだけは心がけよう!!

①語頭の「が」行の音、外来語、数字、擬音・擬態語、接頭語の次の「が」行は原則的に濁音。
②語頭の「ガ」行以外（単語の語中、語尾)、助詞や接続詞の「が」は鼻濁音。
③固有名詞化された数字は鼻濁音、複合語で二語の意識が強いものは濁音。

言葉の正しいアクセントを
身につけよう〜4種類のアクセント〜

単語の音の高低を「アクセント」といいます。その高低は地域によっても異なることや、正しいと思い込んで間違ったアクセントを覚えている人もいるでしょう。実は単語のアクセントを正しく発音することは、さほど簡単ではありません。アクセントが違うと、意味を誤解されたり意味が通じなかったりしますので、正しいアクセントを身につけましょう。

頭高 (あたまだか)

最初の音節が高く、それ以降の音節が低くなります。
例:「舟（ふね）」「五月（ごがつ）」「緑（みどり）」「真実（しんじつ）」「天国（てんごく）」「無実（むじつ）」「親切（しんせつ）」「猫（ねこ）」「枕（まくら）」「コスモス」「涙（なみだ）」「海（うみ）」「運命（うんめい）」「雲（くも）」「カマキリ」

「迷子（まいご）」など
例文：舟（ふね）をつかって、迷子（まいご）の猫（ねこ）を捕まえる。（「•」を高く発音する）

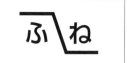

中高 (なかだか)

1音目が低く、2音目から高くなり、単語が終わりまでにまた低くなります。

例:「試験（しけん）」「湖（みずうみ）」「図書館（としょかん）」「卵（たまご）」「皆さん（みなさん）」「育てる（そだてる）」「飲料水（いんりょうすい）」「お菓子（おかし）」「飲み物（のみもの）」「色紙（い

ろがみ）」「賑わう（にぎわう）」「潮風（し
おかぜ）」など。

例文：湖（みずうみ）が、人で賑わう（に
ぎわう）。（「•」を高く発音する）

 コツ
3 尾高（おだか）

　1音目が低く、2音目以降が高いアク
セントで、そのあとに続く助詞が低くな
ります。助詞をつけなければ「平板」と
区別しにくいアクセントです。

例：「屋敷（やしき）」「川（かわ）」「冬（ふ
ゆ）」「男（おとこ）」「女（おんな）」「白
髪（しらが）」「光（ひかり）」「山（やま）」
「話し（はなし）」「花（はな）」など。

例文：川（かわ）に流される男（おとこ）
のコート（「•」を高く発音する）

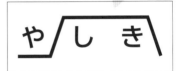

 コツ
4 平板（へいばん）

　1音目が低く、2音目以降が高いアク
セントで、そのまま続く助詞も高いまま
です。

例：「昔（むかし）」「洋服（ようふく）」「桜
（さくら）」「砂浜（すなはま）」「鼻（はな）」
「お金（かね）」「改札（かいさつ）」「梅（う
め）」「子供（こども）」「水（みず）」など。

例文：昔（むかし）は梅（うめ）がよく
咲いた

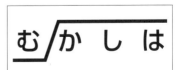

ポイント 8))) 言葉の**正しいアクセント**を 身につけよう〜**4種類**のアクセント〜

コツ 5 数字のアクセント

私たちが日ごろよく使う数字がつく言葉として、「何月（ガツ）」と月を表現する言葉があります。これも注意しないと間違ったアクセントになりがちです。正しくは、2種類のアクセントのタイプ（頭高型と尾高型）になります。

アクセントのタイプ	アクセント
頭高型	3月、5月、9月
尾高型	※ガツの「ツ」のところまでを高く発音。 1月、2月、4月、6月、7月、8月、10月、11月、12月

コツ 6 その他、アクセントが変化する言葉

複合名詞になるとアクセントが変化する言葉があります。

たとえば、「猫（ネコ）」は本来は頭高ですが、「科」をつけると「ねこか」というように平板になります。また、「卵」は中高ですが、「型」をつけると、「たまごがた」というように平板になります。このほか、「色」「画」「際」「組」「側」「家」などがついた場合も、平板化することが多くあります。

ワンポイントアドバイス

正しいアクセントを学びたい方は、アクセント辞典を利用するといいでしょう。『NHK日本語発音アクセント新辞典』などの書籍のほか、アクセントを調べられるWebサイトやスマホのアプリもあります。

まとめ

**ステップアップのために
これだけは心がけよう!!**

①アクセントには頭高・中高・尾高・平板の4種類がある。
②数字がつく言葉に注意しよう。
③複合名詞になるとアクセントが変化する。

Column

現代人とアクセントの平板化

　今日、東京を中心とした現代人、特に若い世代の言葉に異変が起きています。
さて、この問題を語る前に、そもそも「言葉（語彙）の標準」はどのように成立してきたのかを簡単に振り返ってみましょう。

　もともと日本語は、語彙やアクセントなど地域ごとの方言の違いが非常に大きい言語です。しかしそれでは、出身地が違う者どうしが意思疎通を図る際に壁となってしまい、物事がうまく進みません。そこで明治時代になり、富国強兵や殖産興業といった方針を立てた明治政府が、国家の方針を進めるのに支障をきたす問題として、1887（明治20）年代以降、義務教育の中で標準語教育が行われるようになりました。ちなみに、このとき標準語のモデルとして採用されたのが山の手言葉（東京言葉）でした。

　そのような経緯を経て今日の言葉の標準があるのですが、それが近年、アクセントの平板化という変化が進んでいるのです。

　こうしたアクセントの変化傾向は、民放を含む全国の放送局でアナウンサーやナレーターなどが参照する『NHK日本語発音アクセント新辞典』（2016年改訂版）の内容に盛り込まれました。具体的には、以前は「起伏型」とされていた「ウォーキング」「ユーザー」「ジョッキ」「ラベル」「雨靴」「護衛艦」「化粧水」「断熱材」などが、今後は平板型で問題なしとなりました。

　そのような状況の中で、たとえば、「〝メ〟ニュー」や「〝レ〟タス」、学校の「〝ク〟ラブ」（〝〟は強く発音する部分）は、本来頭高で発音される言葉です。また、「図書館（と〝しょ〟かん）」は中高で発音される言葉です。それが特に若い世代の言葉としては、いずれも「メ〝ニュー〟」「レ〝タス〟」「ク〝ラブ〟」「と〝しょかん〟」と平坦に発音されることが多くなっています。
この現象の背景には、言葉をラクに話したいという意識が働いているようです。つまり実際に話すときに平板型の方が頭高や中高などの起伏型よりも発声時の身体の負担が少なく、アクセントを覚えるわずらわしさもないからだと言われています。

母音の無声化を意識して活舌をよくしよう

発音したとき声帯が振動する音を有声音と言います。母音はすべて有声音です。一方、子音には有声子音と無声子音があります。無声子音では声帯は振動しません。しかし、母音「い」「う」が、この無声子音にはさまれると、声帯の振動がなくなり、響きが消えます。このことを「母音の無声化」と言います。

コツ 1 母音の無声化を意識して活舌をよくしよう

無声子音には、か行・さ行・た行・は行・ぱ行とその拗音があります。拗音とは「きゃ」「きゅ」「きょ」のように、2文字の仮名で書き表すものです。これらの無声子音に挟まれた「い(i)」「う(u)」は、基本的には無声化します。また、無声子音に続く「い」「う」が言葉の終わりになる場合や語末にアクセントの山が来ない場合も無声化します。
①無声子音にはさまれて母音が無声化：「菊（kiku）」「下読み(shitayomi)」「力（cikara）」「危険（kiken）」など

②言葉の終わりになる：「書く（kaku）」「気持ち（kimoti）」など。
③語末にアクセントの山が来ない：「ここ です（kokodesu）」「食べます（tabemasu）」など。

なお、特に関東圏の人は、無意識に母音を無声化していますので、特に気にする必要はありませんが、関西圏にはこのような習慣はありません。苦手な人は、息を強く前に出すことを意識して、繰り返し練習しましょう。

| ステップアップのためにこれだけは心がけよう!! | ステップアップのためにこれだけは心がけよう!! 母音が無声化できているかどうか、実際に発音してチェックしてみよう。 |

ポイント 10)))

ネタ帳をつくろう

放送部の活動において、ラジオやテレビドラマ作品の起草・構想や、それらの内容をシナリオとして書き出す際に役立つのがネタ帳です。ネタ帳とは、ネタやアイデアを書き留めるためのメモ帳のことです。ネタの集め方や記録方法などについて知っておきましょう。

コツ 1 ネタ帳をつくるメリット

　まずはネタ帳をつくるメリットを押さえておきましょう。

　ネタ帳をつくることで次のメリットが挙げられます。①ネタ帳に書き留めることで、自分が気づいたことや考えたことが記憶に定着し易くなり、記憶力が向上します。また、②自分の頭の中にあるアイデアを整理することができ、アイデアの発想力が向上します。また同時に、③頭の中を整理することでストレスを軽減することもできます。さらに、④頭の中にある情報が整理されることで、集中力も高めることができます。

ワンポイントアドバイス

放送の分野で上達するにはネタ帳は必須です。

コツ ② ネタ帳はどのような人たちが活用しているのか

ネタ帳を活用している人の例をいくつか挙げますと、著作家やコメディアン、起業家、ブロガーなどさまざまな職種の人たちがいます。

小説やエッセイを書く著作家は、自分が気づいたことや考えたこと、他者から聞いた話を書き留め、それを小説やエッセイのアイデアにしています。コメディアンは、面白いネタをたくさん持っていることが成功の鍵となります。日常生活の中で見聞きした面白いと思うネタや考えたことなどを書き留めています。起業家は、新しいビジネスのアイデアなどを書き留め、それを起業のためのアイデアにしています。ブロガーは、ブログの記事を書くために、自分の気づきや考えを書き留めたり、ニュースネタなどを収集して書き留めています。

以上のように、ネタ帳を持ってそれを活用しながらそれぞれのビジネスに活かしています。

コツ ③ 自分なりの使いやすいネタ帳のつくり方

次のステップが大切です。

①紙のノートや手帳、スマートフォンなどに、ネタを書くための場所をつくります。②日々の生活や部活動の中から得られたちょっと気になった情報（たとえば、街で見かけた気になった出来事やテレビで見たシーンなど）やインスピレーション、自分自身が考えたアイデア、または他人から聞いた興味深い話などを書き留めておきましょう。③ネタを書くときのポイントは、細かい部分まで詳細に書く必要はありません。簡単にまとめて、後で自分で思い出せる程度に書いておけば十分です。④書いたネタは、定期的に見返しをしましょう。

ステップアップのためにこれだけは心がけよう!!	①自分なりの使いやすいネタ帳をつくろう。 ②自分が気づいたことや考えたこと、他者から聞いた話を書き留めよう。 ③書いたネタは、定期的に見返しをしよう。

2章

さらに
ステップアップを
目指して
【朗読・アナウンス編】

　本章では、朗読、アナウンスの力を向上させるための
ポイントを紹介します。

　声の出し方や豊かな表情づくりなど、共通のポイント
をはじめ、それぞれ個別のポイントを述べています。

　なお、個別のポイントとして挙げた内容でも、朗読、
アナウンスそれぞれがお互いに参考にできる内容ですの
で、取り組んでいるメンバーは、ぜひ2章全体を押さえ
ておくようにしましょう。

自分の中で一番出しやすい声を探し、読んでみよう

「人に聞いてもらうのだから、いい声で読まなきゃ」と、がんばって無理をしたら、かえってマイナスです。緊張して喉に力が入り、「喉が締まって」しまいます。いい声は、リラックスした状態で出てくるものです。
どんな声でも、鍛えれば響きが豊かになり、声量もアップします。まずはあなたが何も意識しないで話すときの、一番楽な声を出してみましょう。

コツ 1 あなたが声を出しやすいベストポジションを探しましょう

　肺から送られた息が、声帯で振動して共鳴し、口や舌などで発音されて声になります。うつむいたりするとうまく声がでないのは、息の通り道が歪んでしまうからです。

　まず、まっすぐに立って正面を向き、舌の奥をぐっと下げて喉に空洞をつくり、「あー」と発声してみましょう。喉が開いて、深く響く声が出る感じです。声を出しながら、顔をゆっくり動かしてみましょう。一番声の出やすい位置が、あなたのベストポジションです。

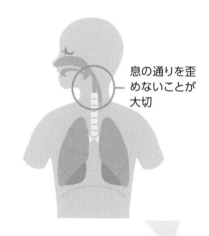

息の通りを歪めないことが大切

 ワンポイントアドバイス

よい声、通る声の人はいつも「共鳴」しています。意識をして声を「共鳴」させましょう。

コツ2 声が届く距離を伸ばしましょう

朗読は聴き手に届けるものですから、相手のいるところまで声が届かなければいけませんね。一番声の出やすい位置を見つけたら、次は声が届く距離をだんだんと伸ばしていきましょう。声の通る人は、10メートルも飛んでいきます。

誰かに聞いてもらって、1メートルづつ、だんだん距離を伸ばしていきます。5メートルくらい離れても、十分に聞き取れる声を出せるようになれば、まずは

大丈夫です。

コツ3 大人数の前では芯のある通る声を出すことが大事

次は、広い場所をイメージして、すみずみまで響かせるつもりで発声してみます。200人くらいの前で、朗読をしているイメージです。

よい声がでているとき、声帯はリラックスし、小さなエネルギーしか使いません。遠くまで響く声は、声帯で調節した小さな声を、鼻の後ろあたりで響きを増幅させて出ています。声が共鳴するので、

ふくらみのある声になり、芯のある通る声が出せるようになります。さあリラックスして、声を響かせて。

まとめ

ステップアップのためにこれだけは心がけよう!!

①声が出る仕組みを理解しよう。いい声は、リラックスして「喉を開いた」状態で出てくるもの。
②一番声の出やすい体の位置、ベストポジションを探そう。
③少しづつ、声が届く距離を伸ばそう。最終的には、芯のある通る声を体得しよう。

豊かな表情をつくろう

「朗読だから、表情は関係ないのでは？」という人もいるかもしれません。しかし、喜んだり、悲しんだり、驚いたりと、顔の表情を添えると、読み方も変わってきます。ニュース番組では、内容に合わせてアナウンサーも少し表情を変えています。基本は淡々とした中で、メリハリをつけながら、内容をよく理解した上で読むことで、より朗読力がアップします！

コツ 1 声と表情の仕組みを理解しておこう

　感情は心の動きですが、顔の筋肉も動かします。特に表情筋の中でも口輪筋は連動しています。

　「笑声（えごえ）」という言葉を、聞いたことがありますか？　鏡を見ながら笑顔をつくると、笑っているような明るい、よく通る声になります。うれしくなくても笑顔をつくり、口角を上げてみます。すると口腔内が広くなり、副鼻腔（頬や鼻、額の骨の空洞部分）に声が当たることで、響きやすくなり、明るい笑声が、出やすくなります。

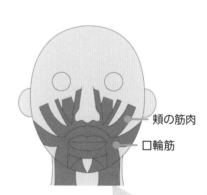

頬の筋肉

口輪筋

ワンポイントアドバイス

内容にふさわしい豊かな表情をつくることで、より朗読力がアップします。

コツ2 表情を変えて読み比べてみよう

　表情を変えるだけで、別人みたいに声が変わるなんてことはありません。しかし、声の響き方、質感はガラリと変わります。同じ言葉でも、笑顔で言うのと、渋い顔で言うのとでは、トーンがまったく違ってきます。

　どうですか？　笑顔で読むと、本当にほほえんでいる少女の姿が浮かんできませんか？

> ＜自分で比較してみよう＞
> 渋い顔：「その少女は、にこっと笑いました。」
> 笑顔　：「その少女は、にこっと笑いました。」

コツ3 表情は演出する上でとても大切

　朗読をするときに顔を上げないという人には、聴き手としては、少しさみしい感じがします。何度も顔を上げて、情感たっぷりに表情を添えてくれる人には、「もっと聴いていたい」という気持ちになります。「表情で聴き手を巻き込む」のも、重要なのです。

　とは言え、終始、笑顔や怒った顔で読んだりするのは禁物。表情に気を取られて、聴き手の集中力がそがれてしまいます。あくまでも「主役は声」、「表情は演出」。

ステップアップのために
これだけは心がけよう!!

①声が表情と連動している仕組み（表情筋・口角の働き）を理解しよう。
②台本の内容を理解して、ふさわしい豊かな表情をつくり、声への効果を確認してみよう。
③あくまでも「主役は声」、「表情は演出」。地の文は基本的には感情を入れないで！

自分を客観的にチェックしよう

朗読が上手な人は、見ていても美しいですね。背筋がすっと伸び、姿勢よく話をしているからです。観客がいるときばかりではありませんが、姿勢を正すことでよい声に変わっていきます。

誰かに見られていると意識しながら、まずは正しい姿勢、豊かな表情、口はきちんと開いているかなど、自分を映像でチェックしてみましょう。

 ## 友達、先輩に聞いてもらおう

まずは、友達や先輩に聞いてもらって、いろいろアドバイスをしてもらいましょう。

自分ではよい姿勢で、情感たっぷりに読んでいるつもりでも、実際の姿は大違い、ということは少なくありません。猫背になっていたり、わざとらしい表情だったり、落ち着きなく台本をめくっていたり……。

 ワンポイントアドバイス

録画で、自分のありのままの姿を知るのが第一歩。焦らず癖を克服していけば、必ず上達します。

録画する際は全身とアップと両方撮る

今はスマホがありますので、簡単に自分を録画できます。全身だけではなく、顔のアップも撮ることをおすすめします。意味もなく視線を動かしていたり、ときどき上を向いたりなど、アップの録画で初めて自分の変な癖に気づいたという人は多いものです。全身とアップの両方を、しっかりチェックしましょう。

話し方、滑舌、表情、姿勢またリップ

ノイズなどが入っていないかチェックすれば、改善すべき点がはっきりしてきますね。

修正は焦らずに取り組むことが大事

自分の癖には、なかなか気づきにくいものです。その点録画すると、自分を客観視できます。ショックを受けるかもしれませんが、自分のありのままの姿に気づくことが第一歩。自覚しなければ直せません。

自分の癖に気づいたら、少しずつ直していきましょう。焦らず地道に取り組んでいけば、必ず克服できます。あなたの朗読力やアナウンス力は、間違いなく向

上していきます。 節目ごとに録画して、上達を確認してみましょう。

ステップアップのためにこれだけは心がけよう!!

①録画は、恐れず、自分の全身と顔のアップの両方を。
②姿勢、表情、口の開け方、自分の癖を客観的にチェックしよう。
③ショックを受けても、立ち直れる。その次は間違いなく上達している。

マイクと口との距離に**注意しよう**

マイクの持ち方や口からの距離で、まったく声が違って聞こえます。近すぎると息の音が「ボンボン」したり。また、使い方を間違えると、「ガーーッ！、ピーーッ！」というノイズ（ハウリング）がして、慌てたりすることも。
ここではマイクの特徴と使い方を理解して、より安全に、魅力的な声が出せるようになるためのポイントをお伝えします。

コツ 1 マイクと口からの距離は、5〜10センチくらいが目安

　マイクと口との距離は適切に保つことが大切です。マイクと口が近いほど声を拾いますし、逆に離すほど拾わなくなりますが、近づけすぎると息がマイクにあたって、マイクを吹いて「ボンボン」という音を出してしまうこともあります。こういうときは、マイクを少し離しましょう。

　またマイクと口が近いほど、低音が強調されやすくなります。5〜10センチ程度の距離が目安ですが、自分のベストの声の距離を探しましょう。

 ワンポイントアドバイス

マイクの使い方次第で、声の魅力はアップもするし台無しにも。よく理解して活用しよう。

コツ2 持つ角度と持ち方によっては、声が入らなくなることも

　朗読などで使われるマイク（ダイナミックマイク／P75参照）は、正面からの音はよく拾いますが、他方向から来る音はあまり拾いません。マイクを斜めに持ったり、上に向ける人がいますが、声が入らなくなりますので注意しましょう。

　マイクは、先の部分は握らないで、真ん中あたりを持つのがよいです。ワイヤレスマイクは、一番下が電波を送信する部分ですので、握るのは避けましょう。

コツ3 マイクを扱う際の注意点

　マイクは音響機器ですので、扱うにはいくつか注意点があります。マイクテストをするとき、こんこん叩いたり、ふーっと吹いたりしますが、絶対にやめましょう。振動がマイクに直に伝わり、非常に大きな低音が出て、最悪の場合アンプやスピーカーに悪影響を及ぼしかねません。

　また、マイクをスピーカーに向けると、ハウリングが起きやすくなります。スピーカーからはできるだけ離れましょう。

ステップアップのためにこれだけは心がけよう!!

①自分の声にとってベストの、マイクから口までの距離をつかもう。

②マイクは顔の正面に向け、真ん中くらいを握りましょう。

③マイクテストで、こんこん叩いたり、息を吹きかけない。

リップノイズに気をつけよう

マイクを使って録音した自分の声を聞いて、「ペチャペチャ」というノイズにがっかりしたことはありませんか？　これは口の中や唇の雑音を、声と一緒にマイクが拾ってしまっているからです。

いくら声がステキでも、聞いている方はとても不快に感じます。プロのアナウンサーや声優でも、リップノイズの悩みを抱えている人は意外と多いのです。マイクに向かう前に、しっかりと対策をしましょう。

コツ 1 自分のリップノイズを聞いてみよう

　本人は気づいていない場合が多いのですが、実はマイクで録音していなくても、発音や発声をするたびに口から出ているのがわかることも。「ペチャペチャ、ネチャネチャ」。ツバのようなその音には、独特の不潔感があります。言葉の発音が不明瞭になるだけでなく、周囲の人にも不快感を与えてしまいます。

　一度録音した自分の声を聞いて、どんなリップノイズがするのか、じっくりと

向き合ってみましょう。

ワンポイントアドバイス

マイクに向かう前の準備が重要です。軽く食事をとり、直前に歯磨きやうがいのケアを。

コツ 2 自分のリップノイズの原因は何?

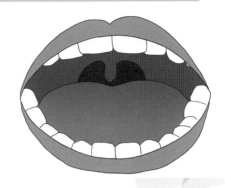

　自分のリップノイズの原因は何かを考えてみましょう。ツバが多いと、口の中がねちゃねちゃします。リップノイズは、口の中の唾液の多さが原因のひとつと言われます。また唇が乾燥していると、「ぱくぱく」というノイズがします。口がしっかり開いていない発声法、また歯のかみ合わせや口内炎、蓄膿症なども問題です。

コツ 3 原因がわかったら、対策しよう

　歯磨きやうがいをよくして、唾液を洗い流し清潔にしましょう。空腹だと唾液が出るので、マイクに向かう30分前に軽く食事をとりましょう。こまめに水分を補給することで、喉の唾液を流せます。
　唇の保湿にはリップクリーム、口を縦に開き、意識して発声を明瞭に。
　また、マイクにポップガード、マイクカバーなどをつけると、リップノイズを防いでくれます。

ステップアップのために
これだけは心がけよう!!

①常に口の中を清潔に。歯磨きやうがいをよくして、唾液をきれいに流しましょう。
②喉が渇いたら、こまめに水分補給をして、保湿と唾液ケアをしましょう。
③意識をして口を縦に開いて、明瞭な発声を心がけましょう。

印象深く、臨場感に溢れた朗読にするためのポイントを身につけよう

たとえ映画や演劇のような映像や音楽がなくとも、本当に優れた読み手なら、聴き手が目を閉じれば、まざまざと情景を浮かび上がらせることができます。では、効果的・印象的に声の表現力・能力を磨くには、どうすればよいのでしょうか？

ここでは、そうした臨場感溢れる朗読をするために、その表現力を身につけるためのポイントをお伝えいたします。

コツ 1 「表現力」とは何かを知ろう

「表現力が豊か」な読み手の朗読は、情感たっぷりで、風景さえ浮かんできます。逆に「表現力が乏しい」読み手では、あまり伝わってこないのです。

「表現力」とは、自分の中で感じていることや考えていることを、他の人にも分かりやすく伝える力のことです。「声の表現力」とは、「感情や思考を、声に乗せて他者に伝える能力」と言えます。

ワンポイントアドバイス

声の表現力を磨いて、想像の翼を羽ばたかせることができる読み手になろう。

「イントネーション（抑揚）」を上手に使いこなそう

豊かな感情表現を身につけるには、イントネーション（抑揚）による表現が不可欠です。イントネーションとは、言葉の調子、音の上がり下がりのことです。同じ文章でも、音の上がり下がりで、まったく違う意味に聞こえます。具体的には、「嫌い」を、以下の2通りで発音して下さい。

> ＜2通りで発音してみよう＞
> 嫌い↑ （昇調）＝ すねて甘える感じ
> 嫌い↓ （下調）＝ 怒っている感じ

イントネーションの変化によって、話し手は感情を表現できるのです。

「プロミネンス（際立たせ）」を上手に使いこなそう

プロミネンスとは、「強調・際立たせ」のことです。特に重要だと考えている部分を伝えるための表現方法になります。たとえば

> ＜プロミネンスを使って文章を読んでみよう＞
> 「昨日　部活で　田中さんと　話した」
> 「今朝は　先生に言われて　全校生徒の前で　挨拶した」
> 「明日は　待ちに待った　演劇鑑賞会の　日」

どこを一番伝えたいのかを考えて、強調する部分を強く発音します。2つも3つも強調する部分があると、結局何が一番伝えたい部分なのかが分からなくなってしまいます。さまざまな表現によるプロミネンスがありますので、マスターしましょう。

ステップアップのためにこれだけは心がけよう!!

① 「声の表現力」とは、「感情や思考を、声に乗せて他者に伝える能力」。
② 「イントネーション」の変化で、感情を上手に表現してみよう!
③ 「プロミネンス」を自在に駆使して、重要な部分を強調してみよう!

言葉の区切り、間を工夫しよう

文章を適切に区切ったり間（ま）を取ったりすることはとても大事です。この適切な区切りや間がないと、聴き手は、意味が分からなくなります。そのため、読み手は、文章を声に出して読む前は、文章の意味を正しく伝えるための「区切り」や適度な「間」の位置を考えることが大切です。
ここでは、その「区切り」や「間」についてお伝えします。

コツ 1 「区切り」や「間」の効果を知ろう

どこで区切り、間をとるかは、とても重要です。区切る場所が違うと、意味が変わってくることがあります。また、間を効果的に取ることによって、聴き手の理解を助けたり、いっそう効果を高めたりできます。区切りや間を上手に入れて、朗読力を高めましょう。

ワンポイントアドバイス

自然と「区切り」と「間」を使いこなせるようになるまで練習することが、コツをつかむ最短ルート！

言葉の「区切り」は適切な場所で

同じ日本語でも、区切るところが違うと意味が違ってきます。

> <区切るところが違うと意味が違ってくる>
> ①今日、散歩用に靴を買った（靴を買ったのは今日）
> ②今日散歩用に、靴を買った（散歩をするのは今日）
> ③美しい、花束を持っている女の人（「美しい」のは女の人）
> ④美しい花束を持っている、女の人（「美しい」のは花束）

①は、靴を買ったのは今日で、②は、散歩をするのは今日という意味に取られます。また、③は「美しい」のは女の人で、④は、「美しい」のは花束という意味に取られます。

このように、聴き手が誤解しないように、意味のまとまりを考えて区切ることが大切です。

効果的に「間」をとることができるようになろう

朗読において「間」は、非常に重要です。間のコツをしっかりとつかんで自分のものにすることができれば、聴き手の注意をグッと引き寄せることが可能です。

間は、単なる沈黙の時間ではありません。それまでの情報を読み手が整理する時間であったり、場面が変わるときは間の長さによって時間の経過も表現できます。そこからイマジネーションを伝えることができるのです。

ステップアップのためにこれだけは心がけよう!!

①「区切り」と「間」は、表現力アップの技術の中では、高度なテクニック。
②句点「。」では必ず「間」を取る。読点「、」は必ず「間」を取る必要はないので、文章の内容を見て判断しよう。
③よい「区切り」と「間」の取り方は、文章の流れや話の内容、展開によっても異なってくる。

クライマックスをつくっておこう

どこに山場（クライマックス）をつくるか
は、読み手の解釈によって違ってきます。
朗読が優れたパフォーマンスである理由で
もあります。
「本の中でどこをクライマックスにする
か」、「どこを盛り上げて、感動的に終える
にはどうしたらいいのか？」。オリジナル
の解釈で、しっかり演出プランを練りま
しょう。

コツ 1 自分なりにクライマックスをつくっておこう

　映画や演劇には、必ずクライマックス
があります。観客を楽しませる、エンター
テインメントとしての工夫を凝らしてい
るのです。淡々と進んで、何となく終わっ
たのでは、聴き手の心には何も残らない
でしょう。

　朗読でも同じです。自分なりのクライ
マックスをつくるようにしましょう。そ
の作品を通して一番強調したい場所はど
こか、作者の意図も考えながら、自分な
りのクライマックスを設定しましょう。

ワンポイントアドバイス

クライマックスで、聴き手に感動が伝わる演出をしましょう。

コツ2 クライマックスに向けて どう読み進めていくかが大事

クライマックスを設定したら、演出プランを練りましょう。クライマックスに至る前には、伏線や小さな山場があります。それぞれの力配分をどうするか、しっかりメリハリをつけたプランを立てましょう。クライマックスではないのに、最大限に強調してしまうと、クライマックスが目立たなくなってしまいます。

コツ3 クライマックスでは「印象づけ」が大事

クライマックスは、最も盛り上がる場面です。聴き手は、その瞬間を待ち望んでいます。そこで感動するために、じっと耳を傾けているとも言えます。ですから、「印象的な演出」が重要です。

クライマックスが近づいたら、それまでとは違った雰囲気をかもし出し、読むスピードを変えるのもいいでしょう。ひとつひとつ言葉をかみしめるようにゆっくり読んだり、場面によっては速く読ん

で、緊迫感を演出したり、工夫しましょう。

まとめ

ステップアップのために これだけは心がけよう!!

①一番強調したい場面はどこか、自分なりのクライマックスを設定しよう。

②クライマックスに至るまでの、伏線などを考えた演出プランを練ろう。

③クライマックスでは、「印象的な演出」を工夫しよう。

ポイント **19**)))

練習は適宜映像の記録・分析を 行って本番に備えよう

客席から自分はどのように見えるのか、朗読はどのように聞こえるのか、自分ではなかなかわからないものです。そのため、練習中の様子は、適宜録音・録画して、客観的に課題を見つけて、次の練習までにそれを克服する努力をしましょう。

コツ **1** 固定して体全体を撮ろう!

ときどき録画をして振り返ってみましょう。撮り方は、基本的には客席から見てどう見えているかをチェックできるように、体全体が撮れるように録画機器を設置しましょう。なお、場合によっては、たとえば、「表情をチェックしたい」ということで、その特定の部分だけを撮ってもらうということでもよいと思います。

ワンポイントアドバイス

録画は、自らを客観的に見ることができる点で、その後の表現力向上に役立ちます。ぜひ活用しましょう。

コツ 2 自分の朗読が朗読本の内容に合っているかをチェックしよう

　録音してチェックしてみると、意外と自分の意図に反して、思った通りに読めていないことが多いことに気づくのではないでしょうか。たとえば、大きな声で読んでいるつもりであっても、意外と小さな声に聞こえる。精一杯感情を込めて読んだ部分でも、意外とその心が伝わらなかったりします。そうならないためにもチェックしましょう。

コツ 3 振り返ることで得られた本番までの課題や目標をメンバー全員で話し合おう

　録画を通して課題が見えてきたら、メンバー同士で課題を共有しましょう。そして、その課題克服のために、いろいろな意見や知恵を出し合いましょう。このことを通じて、メンバーの表現力は向上していくでしょう。

まとめ

ステップアップのためにこれだけは心がけよう!!

①撮り方は、基本的には客席から見てどう見えているかをチェックできるように、体全体を撮れるように録画機器を設置しよう。
②録画して定期的に自分で確認をしてみることが大切。
③メンバー同士で課題を共有しよう。

朗読台本をつくろう

書き込みをしたり、マーカーで色分けをしたり……。朗読台本は見やすく、使いやすくしていきたいもの。「台本を自分のモノにする」のも、朗読の基本のひとつ。読みやすい台本をつくっておけば、表現に集中できます。
ここでは、朗読台本づくりのポイントをお伝えします。

コツ 1 文字は大きく、行間、空白に 書き込みができるように

文字が小さくて読みにくいと、字を追うのに神経を遣い、朗読に集中でき なくなります。パソコンで、自分にとって読みやすい文字の大きさ、書き込みがしやすい行間を工夫しましょう。1ページ15行という人も。

一文は、行やページをまたがないようにしましょう。

たとえば、「今日は部活で、声がよく出」…折り返し…「ませんでした」。ページをまたいでいたら、ページをめくっている間止まってしまいます。 短い文章であれば1行に、長い文であっても、間をとる箇所で行やページを変えましょう。

<台本づくりのポイント>
・ひとめで意味がわかるようにしましょう。読み間違いをしやすい漢字には、ルビをふっておきましょう。
・強調する部分を、色でわけるのも効果的。照明が変わると色も変わって見えるので、本番を考えた色に。

ワンポイントアドバイス

台本を自分のモノにする。自分にとって一番使いやすいオリジナル台本をつくろう。

2 用紙の大きさ、印刷の仕方も大切

　用紙の大きさや、両面・片面印刷を考えるのも重要です。Ａ４サイズ１枚に２ページ分を印刷して折り曲げる、またＢ５、６サイズに両面印刷するなど。綴じ方も、中央が折れて読みにくくならないように。

3 台本はボロボロにならないように工夫しよう

　台本は使い込んでいくと、ボロボロになります。そうなって読みにくくならないように気をつけましょう。自分が一番読みやすく使いやすい方法を探しましょう。

　クリアファイルの透明な袋ページに、一枚づつ入れる人もいます。片面印刷して、裏に書き込みができるようにします。

　また、万が一紛失した場合を考えて、同じ書き込みをしたものを２冊（枚）つくるのもよいでしょう。

まとめ

ステップアップのためにこれだけは心がけよう!!

①自分にとって見やすい文字の大きさ、書き込みをしやすい行間を取ろう。
②ひとめで意味がわかるように、工夫をしよう。
③丈夫で使いやすい形、用紙の大きさ、印刷方法を考えよう。

ポイント21))))
アナウンス原稿を書く上で不可欠な取材の仕方

原稿を書くには取材が絶対に必要です。取材せず自分の意見や主張を弁論大会のように述べる内容ではアナウンス原稿とは言えません。アナウンスとはテーマを絞って対象に取材し、そこで得た内容を正確にわかりやすく視聴者に伝えることです。誰もが知っていることでは新鮮味がありません。少人数だけに通じる身内ネタ、個人ネタも避けるべき。ニュース性とともに学生らしい知性を感じさせるものを目指しましょう。

コツ1 新鮮なニュースのネタは日常の中に転がっているもの。広範囲に目を向けてみよう

校内で興味深い取り組みをしている人物や団体のほか、地域活動に参加している人を探すなど、校外にも目を向けてみましょう。新鮮なネタは生徒同士のおしゃべりから拾えることも多いもの。座談会形式で自由に発言してもらう機会を

つくるのも一手です。自分たちには当たり前のことが校外の人には新鮮な驚きとして映る場合もあります。新一年生や転校生・留学生、先生方、学校周辺の人々に話を聞いてみるのもおもしろいでしょう。

ワンポイントアドバイス

テーマをしっかり絞り込み、適材な対象者を探して取材しましょう。

コツ2 取材成功の決め手は テーマの絞り込みと事前準備にあり!

大まかなネタが決まったら、具体的なテーマを決め、最も伝えたいことを絞り込みます。そのテーマに合う話を引き出せそうな人物がいれば取材を計画しましょう。取材の事前準備はしっかりと。取材目的をはっきりさせ、下調べをさらに重ねて質問項目を考え、箇条書きにしていきます。実際の取材では話題が予想外の方向へ転がることもあります。どんな場合でも柔軟に対応できるようにしておきましょう。

コツ3 相手への敬意を持ち、的確な取材をしよう。 録音機器の準備も万端に!

取材する際に最も大切なことは、相手に敬意と興味を持つことです。敬語を正しく使い、的確に質問するのはもちろんですが、相手を過度に緊張させない配慮も必要です。また、録音機器はサブ機器も用意しておき、開始前から回したままにしておくことをすすめます。予定していた質問項目を終えた後に本音が出るというのもよくあること。取材終了後はすぐに録音のスイッチを切らないようにしましょう。

まとめ

ステップアップのために これだけは心がけよう!!

①日常はネタの宝庫。あらゆる方向に目を向ける。
②テーマを絞り込み、最も伝えたいことをはっきりさせる。
③相手への敬意と興味を持ち、的確な取材を。

アナウンス原稿の書き方
～制限時間と言葉の選び方～

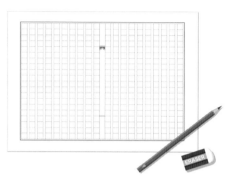

大切なのはテーマの主軸を外さないこと。取材後はあれもこれもと内容を盛り込みたくなりますが、要素が多いとテーマがぼやけ、印象に残りません。1分20秒のアナウンスに適正な文字量は約400字ですから、伝えたいことは1つのみに絞りましょう。文字で書く原稿ですが、最終的には耳で理解してもらうことが目的です。正確に読むためではなく、「取材内容を自分の言葉で話し伝えること」を意識しましょう。

コツ 1 一文は短めに。冒頭には印象的な一言を置き、聞き手の興味を引きつけよう

　アナウンス原稿を構成する基本要素は「見出し」「リード」「本記」「雑感」「まとめ」です。冒頭には見出しとして聴き手を引きつけるような印象的な一言を置き、続いてテーマを簡潔に伝えるリード(約5～10秒)、現在の事実を伝える本記(約30秒)、取材の内容や取材対象者のコメントなどを伝える雑感(約30秒)と続き、最後に記者の目から見たまとめ(約10秒)を置きます。なるべく5W1H(注※)を入れるよう工夫しましょう。

<アナウンス原稿を構成する要素>
見出し：タイトルのこと。
リード：導入文章。
本記：事実を伝える文章。
雑感：取材の内容や取材対象者のコメントなどを伝える文章。
まとめ：記者の視点でのまとめの文章。

※5W1H＝いつ(When)・どこで(Where)・誰が(Who)・何を(What)・なぜ(Why)・どうやって(How)

ワンポイントアドバイス

わかりやすい言葉で正確に伝え、共感を得る工夫をしましょう。

客観的視点に立ち、共感を得られる内容を目指そう

アナウンスに個人的感情や意見は必要ありません。事前に客観的事実と伝聞、個人的意見を区別しておきましょう。「絶対に・本当に」といった主観を感じさせる表現も避け、聞き手の共感を呼ぶ工夫をします。文末は「〜でした」など同じ言葉が続かないよう注意しますが、体言止めは好ましくありません。コンクールでは冒頭やまとめで「みなさん」と呼びかける例も多いのですが、できればもう一工夫し、自分らしい表現を探しましょう。

<主観的な言葉の例>
・絶対に　・本当に　・非常に　・かなり　・一生懸命に　・多くの　・ちっぽけな　・高い　・安い　・おもしろそうな　・つまらない － など。

理解しやすい言葉・具体的な表現を選び、疑問を感じさせない工夫をしよう

言葉選びに迷ったら、まず音声だけで正確な情報が伝わるかを吟味します。読みにくい言葉のほか、同音異義語や難解な言葉、略語、隠語も避けましょう。指示語も最小限に。聞き手にその場面を思い描いてもらうためにはなるべく具体的な表現をすることも大切です。倒置法のような複雑な言い回しもアナウンスには向きません。話題の展開はできるだけシンプルにして、聞き手に疑問を感じさせないようにします。

<避けたい言葉>
・読みにくい言葉：憂鬱（ゆううつ）・稚拙（ちせつ）・無垢（むく）・虜（とりこ）－ など。
・同音異義語：たとえば、「きかん」は漢字にすると、「期間」、「器官」、「気管」、「機関」、「帰還」、「基幹」、「季刊」などがある。
・難解な言葉：閾値（いきち）、僭越（せんえつ）、脆弱（ぜいじゃく）－ など。
・略語：育休（いくきゅう／育児休暇の略）、音字（おんじ／表音文字の略）－ など。
・隠語：仲間内でのみ通用する言葉。新聞記者をブンヤ、池袋をブクロ － など。

ステップアップのために これだけは心がけよう!!

①印象的な出だしで興味を引きつける。
②聞き手の気持ちを考え、共感を得る工夫を。
③具体的な表現でわかりやすく伝える。

聴かせる読み方を練習しよう

アナウンスは一度間違えると取り返しがききません。最も伝えたい内容を意識して言葉の意味をくみ取り、正確に読むよう心がけましょう。内容が伝わりやすいスピードや無理のない自然な話し方を身につけるには、練習を人に聞いてもらうことも重要です。個人練習でも録音して確認するようにしましょう。ＮＨＫニュースのアナウンスや全国大会のＣＤなどを参考に、優れたアナウンスの基準を知っておくことも大切です。

 適正なスピードではっきりと、マイクに頼りすぎないようにしよう。

アナウンスの適正なスピードは1分間300字程度。早すぎると聞き取りづらく、遅すぎると違和感を生みます。滑舌がよい人はスピードが早くなりやすいので、意識的にゆっくり話す練習をしましょう。練習や本番ではマイクを使いますが、マイクに頼りすぎるのはよくありません。口をしっかり開き、怒鳴り声にならないよう注意しながら4～5メートル先まで声が届くようなイメージで発声します。舌を正しい位置に置くことも大切です。

 ワンポイントアドバイス

優れたアナウンスを参考に、適正なスピードや発音、抑揚を身につけましょう。

コツ 2 自分が発声しやすい言葉を選び、正しい発音で読もう

言葉の言いやすさ・言いにくさは人によって異なります。原稿にとらわれず、自分が発声しやすい言葉に変えていきましょう。鼻濁音や無声音にも注意が必要。関西地方の方言には母音の無声化がなく苦手な人が多いので、より訓練が必要です。イントネーションは意味をはっきりさせるために必要ですが、つけすぎると聞き取りにくくなります。アクセントで

意味が異なる同音異義語も要注意。辞典で確認することを習慣づけましょう。

コツ 3 音の強弱や語尾、間（ま）を工夫しよう

ある程度のメリハリは必要ですが、音の強弱はつけ過ぎないようにします。名詞ははっきり強めに読むべきですが、形容詞を強く読むと主観的に聞こえるので注意が必要です。語尾を下げて軽めに読むと、聴き手に安心感を与えられます。内容によっては原稿にある句読点を無視してもかまいませんが、間は言葉の意味を考えて取るようにします。一気に続けて読む部分、間を取る部分はあらかじめ考えておきましょう。

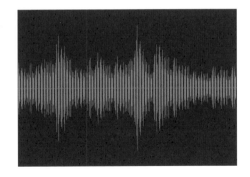

まとめ

ステップアップのためにこれだけは心がけよう!!

①適正なスピードではっきり話す。
②無理のない言葉で正しく発音する。
③音の強弱や間を工夫する。

当日使用する持ち物の準備は入念に行おう

大会当日にドタバタすると、焦りによって普段の力を発揮できなくなります。当日使用する持ち物についても、自宅を出たあとに「しまった、あれを忘れた」ということがないように準備を入念に行うこと。準備は前日のうちに終わらせておくとよいでしょう。台本などの会場で使用する物はもちろん、お財布などの普段から使用しているものも、しっかりと確認しましょう。

コツ 1 本番の準備は前日にしよう

当日の準備は前日のうちに終わらせておきましょう。大会前日は緊張で眠りにつけなかったり、いつもとは違う時間に起きなければいけないため、いくら注意していても寝坊してしまう可能性があります。そうでなくても、公共交通機関の遅延のニュースなどにより、予定よりも早めに自宅を出なければならなくなることもありえます。荷物がまとまっていないと、慌てて準備を行うことになり、忘れ物をする可能性が高くなります。

 ワンポイントアドバイス

本番を落ち着いて迎えられるように、持ち物の準備は事前に行いましょう。

事前に「持ち物リスト」を作成しておこう

　要項などを参考に本番当日に必要な持ち物がわかったら、事前に「持ち物リスト」を作成しておきましょう。リストにチェック印を入れながら準備をすると、忘れ物をするリスクを減らすことができます。リストには台本などの本番に関わるもの以外に、ハンカチやティッシュペーパー、筆記用具などの日常的に使うものも入れておきます。とくに財布は、

忘れると電車に乗ることができずに遅刻してしまうので注意が必要です。

衣服の状態を確認しておこう

　当日に着用する衣服の状態も事前に確認しておきましょう。本番は審査員をはじめとする多くの人の前に立つ場です。ボタンがはずれかかっていたり、シワが目立つと恥ずかしい思いをします。シワをとる場合のアイロンがけなど、衣服の状態を整えるのは時間がかかることが多いので、当日の朝ではなく、事前にしておくこと。「持ち物リスト」のなかに衣服の確認という項目を入れておくのもよ

いでしょう。

**ステップアップのために
これだけは心がけよう!!**

①本番で使用する持ち物の準備は当日の朝ではなく前日に行おう。
②忘れ物をしないように事前に「持ち物リスト」を作成しておこう。
③当日着用する衣服の状態も前日までにチェックしておこう。

本番までのコンディションづくりに気を配ろう

本番で自分の力を最大限に発揮するには、最高の体調で当日を迎えられるようにコンディションを整えることが大切です。「一生懸命に練習したのに風邪をひいてしまって思うように声が出せない」とならないように気をつけましょう。たとえば、うがいや手洗いを習慣にするなど、練習以外の普段の生活にも気を配り、万全の状態で晴れ舞台にのぞみましょう。

 コツ **1**
本番直前の練習は体調確認を中心に行おう

緊張と不安の影響もあるのでしょう。本番前はいつもよりも、たくさん練習したくなってしまうものです。でも、本番直前に必要以上に自分を追い込んでしまうと、かえって調子をくずしてしまうことにもなりかねません。直前の練習はコンディションを保つために無理のない内容を心がけること。ノドに負担をかけないように気をつかい、よいイメージを持って本番にのぞみましょう。

 ワンポイントアドバイス

本番で自分の力を最大限に発揮するためにコンディションをしっかり整えましょう。

コツ 2 季節に応じてノドをケアしよう

　季節で、とくに気をつけたいのは夏と冬です。夏は室内でエアコンを使うため、ノドを冷やしてしまいがちです。冷やしすぎはノドの不調につながります。外気温と室内温度の差を小さくするように気をつけ、必要に応じて軽い上着を着用するなどして、冷えすぎを防ぎましょう。一方、冬は乾燥に要注意です。乾燥もノドの調子を悪くする要因の一つなので、できれば加湿器を使用し、外出時にはマスクを着用するとよいでしょう。

コツ 3 風邪を予防しよう

　風邪を予防するために、帰宅したら手洗いとうがいを行いましょう。本番前の大切な時期に、つい忘れてしまうことがないように、できれば普段から習慣にしておきたいものです。また、過労も風邪の要因になるので、少しでも「体の調子がよくない」と思ったら、無理をしないで静養することが大事です。とくに本番前日は、当日、「ちょっと風邪をひいたみたいで……」とならないように早めの就寝を心がけましょう。

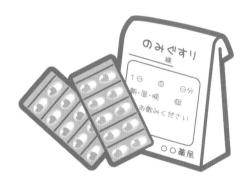

ステップアップのためにこれだけは心がけよう!!

①本番直前の練習は無理をしないように気をつけよう。

②夏はエアコンによるノドの冷やしすぎ、冬はノドの乾燥に注意しよう。

③体調不良で本番を迎えないように手洗いとうがいを習慣にしよう。

いつも通りの呼吸で
本番に集中しよう

本番は誰もが緊張します。適度な緊張はよい朗読やアナウンスの原動力となりますが、過度な緊張はミスへとつながります。会場の雰囲気にのまれてガチガチになっているようなら、深い呼吸やイメージ・トレーニングで緊張をほぐしましょう。顔を上げて視野を広げるのも肩の力を抜くのに有効です。「いつも通り」のことができれば、本番はきっとうまくいくはずです。

息を大きく吐いて緊張をほぐし
練習と同じ呼吸で本番にのぞもう

「緊張しすぎている」と感じたら、深く呼吸をしましょう。私たち人間は緊張すると呼吸が浅くなり、落ち着くと呼吸が深くなる傾向があります。これは深い呼吸をすると落ち着くということでもあります。まずはゆっくりと大きく息を吐き、それから自然に息を吸いましょう。これはポイント6（P18）で学んだ腹式呼吸を本番でしっかり行うことにもつながります。

ワンポイントアドバイス

緊張で心や体がガチガチになっていたら、深い呼吸などで緊張をときほぐしましょう。

コツ 2 イメージ・トレーニングで気持ちを盛り上げよう

　プロのナレーターやアナウンサーでも本番は緊張します。では、プロはどうしているかというと、緊張をほぐすためのポピュラーな方法の一つにイメージ・トレーニングがあります。やり方は簡単で、自分の朗読やアナウンスを練習通りに行え、審査員や観客から好評を得ているシーンを思い浮かべます。本番直前にイメージ・トレーニングすることで、気持ちがグッと盛り上がり、緊張感からも解放されるでしょう。

コツ 3 顔を上げて視野を広げよう

　緊張すると目の視野とともに意識も狭くなりがちで、それがミスへとつながることもあります。そのような事態を防ぐためには、しっかりと顔を上げて、会場の奥の端から端まで眺めてみるとよいでしょう。「会場の向こう側の壁には何かの注意書きが貼ってある」「あそこに友達が座っている」というように視野を広げることで、意識も自然と広がり、過度な緊張を遠ざけることができます。行うのは本番前でも本番中でもOKです。

ステップアップのために
これだけは心がけよう!!

①緊張で「練習通りにできないかも……」と思ったら、深い呼吸をしよう。

②うまくいった光景を頭に描くイメージ・トレーニングで緊張をほぐそう。

③顔を上げて会場の端から端まで見渡し、視野と意識を広げよう。

本番中はミスを気にせず この瞬間を楽しもう

人間はミスをする生き物で、本番に失敗はつきものです。ミスを恐れていては何も成し遂げられません。プロのナレーターやアナウンサーも数々の失敗を乗り越えてきたからこそ、現在の姿があるのです。恥ずかしい経験や悔しい思いは、あなたの輝かしい未来への糧になります。ミスをしても堂々とした態度で続けましょう。慌ててミスをカバーしようとすると、余計にミスが目立ってしまいます。

コツ 1 素知らぬ顔で読み進めよう

練習では思い通りにスラスラと読めていたのに、本番では必要以上に緊張して、読み間違えたり、舌がもつれてしまうのはよくあることです。そのようなとき、「しまった!」と慌てると、その焦りが次のミスを生むという悪循環に陥ることになります。ニュアンスが伝わるような小さな間違いであれば、言い直す必要はありません。何事もなかったかのように、読み進めていきましょう。そのほうがミスが目立ちません。

 ワンポイントアドバイス

失敗は成長の糧となります。ミスをしても、さり気なくカバーしましょう。

コツ 2　審査員や観客の意識を理解しよう

　放送の世界で大事なのは、堂々とした態度です。多少ミスをしても胸を張って読んでいれば審査員や観客は聴き流してくれます。あなたが気にしているほど、周りは一字一句に耳をそばだてて聴いているわけではありません。「聞いていると情景が思い浮かぶか」「全体的に滑舌がよく話がすんなりと頭に入ってくるか」などに注目しているのです。ミスをしても、流れを止めたり、雰囲気を壊さなければ大丈夫であると心得ましょう。

コツ 3　失敗は精神力を鍛えるチャンスととらえよう

　多くの場合、一流のアスリートは、惨敗や怪我などの試練に耐え、あきらめないで挑戦を繰り返したすえに、栄冠をつかんでいます。これは放送の世界にも共通しています。挫折の経験が、その人を成長させてくれます。失敗は恥ずかしいことではありません。恥ずかしいのは失敗にめげてあきらめることです。本番でつまずいたら、そこを改善し、より聴き手を惹きつける朗読をすればよいのです。くじけない強い精神力を養いましょう。

 まとめ

**ステップアップのために
これだけは心がけよう!!**

①ミスをしても何事もなかったかのように読み進めよう。
②気にしているのは自分だけで、流れや雰囲気を壊さなければOKということを知ろう。
③挫折は人を成長させてくれるもの。失敗にくじけない強い精神力を養おう。

本番中のトラブルはつきもの。
慌てずに対処しよう

本番では、進行が予定通りに進まなかったり、観客席のほうでアクシデントがあったりと予期せぬトラブルが起こることがあります。そこで心を乱されて、練習通りのパフォーマンスを発揮できなくなるのは、もったいない話です。大切なのは、トラブルが起きたときに冷静に対応できるかどうか。それがトラブルの影響を最小限に抑えることにつながります。

コツ 1 「トラブルは起きて当たり前」 と心得よう

本番では、予想もしていなかったトラブルが、いつ、どのような状況で起きるかわかりません。それが本番と練習の大きな違いの一つでもあります。予定通りのよい条件で朗読やアナウンスができるとは限らないことを心得ておきましょう。その心づもりがトラブル発生時に慌てないことにつながります。むしろ、「練習と違っていろいろなことがあるのは、よい経験になる」と思うくらいの余裕がほしいものです。

 ワンポイントアドバイス

トラブルが起きても、慌てることなく落ち着いて対応しましょう。

コツ 2 落ち着いて現場の責任者の指示に従おう

本番で起こるトラブルには、「マイクやスピーカーが故障して朗読やアナウンスが会場内に響かない」「審査員や観客のアクシデントで場内が騒然となる」、「照明が壊れてステージが暗くなる」など、さまざまなものがあります。それが審査に悪い影響を与えることはありませんし、テレビ番組の生放送とは違い、あなたがその場を無理に乗り切ろうとする必要もありません。慌てることなく、その場の責任者の指示に従いましょう。

コツ 3 無理をしないで周りに相談しよう

それまで問題がなかったのに、本番当日に急に体調が悪くなってしまうこともあります。そのような場合、「せっかくの本番だから無理をしてでもがんばろう」とするのはNGです。その無理が、それからの人生に悪い影響を与えることも考えられます。顧問や保護者などの周りの人に正確に症状を伝え、判断を仰ぎましょう。当日の電車遅延などのトラブルも、まずは顧問や保護者などに現状を伝えることが大切です。

ステップアップのためにこれだけは心がけよう!!

①本番にトラブルはつきもの。何が起きても冷静に対応しよう。
②トラブルが起きたら、無理に乗り切ろうとしないで、責任者の指示に従おう。
③急な体調不良は我慢をしないで周りに相談しよう。

大会本番後は発表時の映像の記録・分析を行って次回に備えよう

本番で100％練習通りにできることは多くはありません。「もっと、こうすればよかった」と反省することは大切ですが、反省するだけでは不十分です。本番でできた点、できなかった点をしっかりと整理して、できなかった理由を考えながら次の練習に取り組みましょう。日頃から問題意識を持って練習に取り組むことが、あなたのスキルアップにつながります。

コツ 1 本番の様子を冷静に分析しよう

本番の発表の様子は映像や音声を記録しましょう。テレビやラジオで放送される場合は録画（録音）をすること。発表時はうまくやりとげようと必死に頑張るものですが、その様子をあとで振り返ると、現場では気がつかなかった、ちょっとしたミスに気がつくことが少なくありません。できれば、顧問や他の部員と一緒に映像や音声を振り返ってみましょう。そうすることによって思いもしなかった課題が見つかることもあります。

ワンポイントアドバイス

本番後には発表時の映像や音声を確認し、その反省を次の機会に生かしましょう。

コツ 2 今までのことをポジティブに考えよう

本番を振り返ると、「周りや自分自身の評価が低い＝結果が出せない＝自分の今までのやり方が間違っていた」と判断してしまいがちです。そこで、自分の今までのやり方をすべて変えて違う方向に走ると、反省を生かすことができなくなります。そうではなくて、「今までやってきたことの何が効果がなかったか」、「基礎を見直す必要はないか」など、それまで積み重ねてきたものを生かし、次に進むように心がけましょう。

コツ 3 次の本番までの目標を立てよう

本番までの練習は必ずしも楽しいことばかりではありませんが、一度本番の舞台でスポットライトを浴びると「また、あのステージに立ちたい」という新たな練習への意欲がわいてくるものです。本番が終わったら、振り返りで得た情報をもとに、次の本番までにクリアしたい目標を立てましょう。できた点とできなかった点を整理して、しっかりとテーマを定めることによって、より充実した練習に取り組むことができます。

まとめ

**ステップアップのために
これだけは心がけよう!!**

①本番後には映像や音声で発表時の様子をしっかりと振り返ろう。

②気がついた反省点をポジティブにとらえて次の機会に生かそう。

③できた点とできなかった点を整理し、次回に向けてクリアしたい目標を決めよう。

Column

取材（インタビュー）での質問法

◆取材（インタビュー）の事前準備

　取材（インタビュー）は、事前準備によってその善し悪しが決まると言っても過言ではありません。まずは聞きたいことを整理して質問を考えましょう。

　はじめに、聞きたいことを「Must」と「Want」に分けて整理してみましょう。

　つまり、「Must＝必ず聞いておきたい」、「Want＝（時間があれば）できれば聞いておきたいこと」に分けて考えると整理しやすくなります。限られた時間の中で、これだけは必ず聞いておきたいことを優先して聞きましょう。

　そして、次に質問の内容ですが、質問は「起・承・転・結」で考えると、よい流れをつくることができます。具体的には、Mustの質問を軸に起（最初の質問）・承（さらに展開を促す質問）・転（このインタビューで核になる質問、話題を変えるときの質問）・結（しめの質問）などというような順番・流れをつくりましょう。こうすることで、全体のストーリーが見えてきます。

　なお、取材先には前もって質問事項は伝えておくことが望ましいです。大まかな質問でもよいので、取材先が事前に取材の目的や質問内容、その方向性を確認できれば、当日は余裕が持てるため、よい答えを返してくれる可能性が高まります。

◆質問のテクニック

　質問方法にはさまざまなテクニックがありますが、中でも次の4点を意識して質問を考えてみることをお勧めします。

　1つ目は、「6W2H＋時間軸」を意識して聞くということです。
When（いつ）、Where（どこで）、Who（誰が）、What（何を）、Why（なぜ）、Which（どちらが）、How（どのように）、How many（どれくらい）の「6W2H」に加えて、「過去・現在・未来」を意識した質問です。

　2つ目は、具体的に聞くということです。

　たとえば、「態度が悪かった」という話があった場合、「どう態度が悪かったのか？　たとえばどのような態度だったのか？」

　3つ目は、比較して聞くということです。

　たとえば、「○○とはどう違いますか？」や「それは○○よりも品質が高い（低い）ものでしょうか？」のように比較対象を置いて質問してみましょう。

　4つ目は、変化を聞くということです。

　たとえば、「○○をする前とした後では違いますか？」「○○をした後はどのような変化があったのでしょうか？」

以上、質問を考える際の参考にしてください。

3章

さらに
ステップアップを
目指して
【テレビ・ラジオ／ドキュメント・創作ドラマ編】

　本章では、テレビやラジオのドキュメント作品、創作ドラマ作品を制作する上でのポイントを紹介します。

　企画から制作までの工程、必要な撮影機材の扱い方など共通のポイントをはじめ、ドキュメント作品や創作ドラマ作品それぞれの個別のポイントを述べています。

　なお、個別のポイントとして挙げた内容でも、別々に取り組んでいるメンバーは、お互いに参考にできる内容ですので、ぜひ3章全体を押さえておくようにしましょう。

企画から制作までの
流れを押さえよう

作品をつくるためには、企画を練り、そこから見出されたテーマに沿って情報を収集し、台本を作成し、そして撮影に入り、撮影した映像を編集するといった一連の流れ・順序があります。ここでは、そうした流れ・順序を確認し、その中でのポイントをお伝えいたします。

コツ 1 ドキュメント作品の 制作の流れを押さえよう

それぞれの事情によっては、順番が前後する場合もあるかと思いますが、ドキュメンタリー作品制作での基本的な流れを以下に記します。

①企画

それぞれメンバー同士でのプレゼンミーティングを行います。内容的な側面として、制作しようとする作品のテーマをどうするか、そのテーマはメッセージ性があるか、時代の流れを考えたときに今取り上げるのにふさわしいものか、などといった観点で検討します。また同時に、それにかかる費用(予算)なども検討します。

②リサーチ＆台本づくり

テーマが決まると、そのことについての資料集め、関係人物の調査と取材の申し入れなどを行い、本当に取材・撮影が可能かどうかを検討します。それと同時に大まかな台本(シナリオ)づくりを行います。情報収集のために人に取材する場合は、取材者が質問する内容などを検討します。

ワンポイントアドバイス

しっかりとスケジュールを組んで、順序よく制作を進めていきましょう。

③取材・撮影
テーマや構成を意識しながら取材・撮影を行います。ここで新たな発見などによるテーマの変更や内容の大幅な変更があった場合は、①か②に戻って再スタートです。

④編集
取材・撮影が終了したら、メンバーでミーティングをし、映像の構成を決めて編集作業に入ります。

⑤MA（Multi Audio／マルチオーディオ）
効果音やナレーションの録音など、音のミキシング作業を行います。

⑥完成
大会事務局に提出。

創作ドラマ作品の制作の流れを押さえよう

一連の流れは、ドキュメント作品を制作する流れとあまり変わりませんが（同じ部分は説明を省略します）、③の比重が高まるため、ここでは②と分離して示しました。また、④はドキュメントの場合と違って、通常は演技を撮影することになります。

①企画

②リサーチ
テーマが決まると、そのことについての資料集め、関係人物の調査と取材の申し入れなどを行い、本当に取材・撮影が可能かどうかを検討します。

③ドラマのプロット・シナリオ・絵コンテづくり
プロットづくり（P98参照）→シナリオづくり→絵コンテづくり（P102参照）を進めていきます。また、ある程度内容が固まった段階で、役者を決めます。

④撮影
配役が決まったメンバーによって、シナリオにもとづいた演技が行われ、それを撮影します。

⑤編集

⑥MA

⑥完成

ステップアップのためにこれだけは心がけよう!!

①企画から制作完了までの一連の流れを押さえよう。
②制作には段取りが大事。それぞれの段階がスムーズに進むように段取りよく進めよう。

テーマにもとづいた素材を探そう～
できるだけ広い情報を集めていく～

テーマが決まったら、次に、「誰」（ターゲット）にそのテーマからのメッセージを届けたいのかを決めましょう。そのターゲットの決め方によって、その後の情報収集（素材集め）の方向性が決まります。ここでは、ターゲットの決め方や情報収集（素材集め）の方法をお伝えいたします。

コツ 1 「誰」にメッセージを届けたいのかを決めよう

　作品をつくる上において大切な点は、テーマ設定はもとより、そのテーマからのメッセージを「誰」に届けたいのかを明確にすることです。女性か男性か、何かの事情を抱えて悩んでいる特定の層か。そのことが、次の段階の素材探し（テーマに関連した過去のニュース記事や文献、新聞や雑誌、関連する自らの体験の記憶など）に繋がっていきます。

ワンポイントアドバイス

　よいテーマに出会うためには、常日頃からあらゆる情報に関心を持ち、常にテーマになりそうなネタを探し続けることが大切です。

コツ 2　テーマと向き合う姿勢が大切

　この段階で大切なことは、そのテーマと向き合う前向きな心の姿勢です。限られた時間の中で、選択したテーマを作品として仕上げなければなりませんが、まずは自分たちが作品の中に盛り込みたいと思うものやメッセージを明確にし、そのことに対して調査・研究してください。時間をかければかけるほど、作品の重みや面白味が出るでしょう。

コツ 3　取材の重要性

　調査・研究のための取材は重要です。ネット検索は便利ですが、情報が古かったり、間違ったまま拡散している場合もあります。最新情報を得るために、そのテーマに合った識者・専門家を選び、電話やメールで直接連絡を取って取材しましょう。さらに、詳しく深めたいときは、アポイントを取って会って話を聞くようにしましょう。「○○高校放送部の○○です」ときちんと名乗り、事前に取材主旨を明記した取材依頼を送るのが礼儀です。

まとめ

ステップアップのために
これだけは心がけよう!!

①「誰」にメッセージを届けたいのかを決めよう。
②テーマが決まったら、そのテーマと真摯に向き合う姿勢が大切。
③取材はその後の作品の内容・質にかかわる重要なこと。

ポイント32))))

ナレーション原稿の書き方とナレーション

ナレーションはアナウンス（ポイント20 〜 22）と違い、映画やテレビ、演劇などで、劇の筋や場面、登場人物の心理状態などの説明、語りを言います。そこでは、ストーリーに合った「演技」が求められます。その土台となるのがナレーション原稿です。ここでは、ナレーション原稿の書き方から実際のナレーションの練習法までをお伝えいたします。

コツ 1 ナレーターが読みやすい文章にしよう

アナウンスの注意点にも通じますが、耳で聞くと難解な漢字や、同じ読み方でも複数の意味を持つ熟語はたくさんあります。視聴者がそれらを音声のみで判断することは難しいでしょう。また、原稿を作成する際は、句読点の位置や数、そして段落間にスペースを設けるなどの工夫をして、読みに反映させやすく意識して整理しましょう。

<文章の修正例>
（×）高価格な商品が多数並んでいます。
↓
（○）値段の高い商品が数多く並んでいます。

 ワンポイントアドバイス

ナレーションは、いかにナレーターが読みやすく、聴き手が分かりやすいかというのが重要。そのためには原稿の推敲（すいこう）を重ねよう。

コツ 2 テレビとラジオのナレーションの違いを理解しよう

　テレビもラジオも、コツ1で説明したナレーションの基本は変わりませんが、ラジオのナレーションには映像がない分、あたかも「光景が見えるように」、「その音が聞こえるように」、「現場のにおいが伝わるように」が求められます。それには、①可能な限り丁寧・詳細な状況説明や、②声による臨場感の演出が欠かせません。演出部分では、効果音やBGMなどと共に作品の内容を盛り上げていけるように工夫していきましょう。

> **＜ラジオのナレーションで求められること＞**
> ・あたかも光景が見えるように
> ・あたかもその音が聞こえるように
> ・あたかも現場のにおいが伝わるように

コツ 3 より聞いて分かりやすい文章にするため、他の人に読んでもらおう

　文章自体には問題がないのに、実際にナレーションとして聴いてみると何か違和感がある、なぜか分かりにくいという場合があります。そのようなときは、どこをどう修正すればいいのかをひとりで考えるよりも、先輩など他の人に読んでもらってチェックしてもらいましょう。なお、そうした違和感の一例としては、「ですます調が続く」ということがあります。それに気づいたら、文末の表現法を変えるなどでリズム感のある原稿に修正するのも解決法の一つです。

> **＜文章に違和感を感じる例＞**
> ・ですます調が続く（解決法の例：体言止めでリズム感のある原稿に修正する）
> ・一文が長い。
> ・「これ」、「それ」などの指示語が多い
> ・チェックしたつもりでも、まだ意味が分かりにくい言葉が入っている（例：的確に→正しく、難解な→難しい、複数の→いくつかの、などに言い換える）
> ・文章の順序に問題がある（起承転結になっていないなど）

まとめ

ステップアップのためにこれだけは心がけよう!!

①ナレーターが読みやすい文章になるように工夫しよう。
②テレビとラジオのナレーションの違いを理解しよう。
③より聞いて分かりやすい文章にするためには、他の人に読んでもらおう。

必要な撮影機材の扱い方

撮影には、それに必要となるビデオカメラ、マイク、照明などの機材を揃えることが必要です。
そこでここでは、撮影機材に関する基礎的な知識を身につけましょう。

コツ 1 性能が進化するデジタルカメラ

　動画は複数の静止画（「フレーム」と呼ばれる）を高速に切り替えて表示しています。1秒間に何枚のフレームを表示するかを「フレームレート」といい、記号が「fps」です。たとえば、1秒間に60枚のフレームを切り替えて表示する場合は、「60fps」と表記されます。

また、この静止画（フレーム）のサイズを「解像度」と呼んでいます。そして、解像度は「画素」と呼ばれる要素の集まりで表現されます。撮影用のカメラとし

ては、デジタルビデオカメラ（その性能はフルハイビジョン）が一般的です。これは、フレームが「1920 × 1080」で、横1920、縦1080の画素で構成されています。なお、昨今のデジタルカメラ（コンパクトタイプ）でもフルハイビジョンで撮影できるものがあるため、デジタルビデオカメラでなくても高画質な動画撮影が可能です。

 ワンポイントアドバイス

撮影機材を使いこなせるように、知識と経験を積みましょう。

コツ2 マイクの種類は主に6種類

マイクにはどのような種類があるのかを紹介すると、①ピンマイク（ラベリアマイク）、②ダイナミックマイク、③コンデンサーマイク、④バウンダリーマイク、⑤ショットガンマイク、⑥カメラや

レコーダーの内蔵マイクといった、主に6種類あります。

それぞれの特徴を簡単に説明しておきましょう。

マイクの種類	特徴
①ピンマイク（ラベリアマイク）	クリップなどで、人の口などの音源の近くに取り付けるマイク。
②ダイナミックマイク	手に持って使うタイプのマイク。
③コンデンサーマイク	高感度を活かして歌やナレーションの収録などに利用されるマイク。
④バウンダリーマイク	全方位360°の音を均等に拾う性質をもったマイク。
⑤ショットガンマイク	特定の方向の音を集中的に拾うマイク。
⑥カメラやレコーダーの内蔵マイク	手軽で便利だが、音源に近づくことはできず、録画中のカメラの操作音が入る場合も多い。あくまでも予備的に利用するのがよい。

コツ3 照明、レフ板も使いこなそう

動画撮影で照明を使うメリットには、明暗がくっきりと出るため、①被写体が際立ち、映像のクオリティが上がる、②被写体と背景の境目をはっきりさせるといったことが挙げられます。つまり、視聴者にストレスを与えにくくする効果があるのです。使用する光源は、撮影場所にもよりますが、主にハロゲンライトやLEDライトが一般的です。また、光源としてではなく、野外で逆光であったり、自然光の具合で被写体が暗く感じる場合にはレフ板（被写体に光を反射させる板）があると便利です。

まとめ

ステップアップのためにこれだけは心がけよう!!

①デジタルカメラの性能は絶えず進化していることを認識する。
②マイクはそれぞれの特徴を現場に生かして利用する。
③照明、レフ板も使いこなす。

ポイント 34)))

必要な撮影データの扱い方

撮影した後は、再生や編集作業に入ります。そこで知っておかなければならないのが、撮影データファイルの形式に関することです。ここでは、音声データ、動画データの仕組みや保存・再生・編集時に必要となるデータ形式の基礎知識をお伝えします。

コツ 1 音声データや動画データの仕組みを知っておこう

　動画ファイルは、一般的に静止画を1秒あたりに24枚から60枚順番に再生することで動いて見えています。

　撮影した動画を保存・再生するには、「コーデック」(「COder ／ DECoder」の略)というプログラムが必要です。コーデックとは、エンコード(音声や動画などの圧縮)とデコード(一度エンコードして変換・圧縮されたデジタルデータを元のデータに戻すこと)を双方向にすることができる装置やソフトウエアのことです。また、エンコード、デコードする際のアルゴリズムのことも言います。コーデックは大きく分けて動画コーデックと音声コーデックの2種類あります。それぞれ代表的なコーデックを次に紹介します。

ワンポイントアドバイス

映像や音声のデータの取り扱いについても知識と経験を積みましょう。

78

コーデックの種類	代表的なコーデック
音声コーデック	MP3・AC-3・AAC・FLAC・LPCM・WMA　など
動画コーデック	Mpeg-1・Mpeg-2・Mpeg-4・Xvid・Divx・H.263・H.264 など

コツ 2　音声や動画のファイル形式を知っておこう

　動画で注意しなければならない点は、動画をどのようなデータ形式で保存・再生するかということです。また、数多くあるコーデックをどのように選択するかということです。

　ここでは参考までに、よく使われる動画ファイル形式であるavi、mpeg、flv、mp4、movなどが、どのコーデックに対応しているのかを見てみましょう。なお、動画ファイルは「コンテナ」とも呼ばれています。

<代表的な動画ファイル形式対応表>

動画ファイル形式 （コンテナ）	音声コーデック	動画コーデック
avi	AAC 、FLAC、MP3 など	H.263、H.264 、Mpeg-1、Mpeg-2 など
mpeg	AC3、LPCM など	Mpeg-1、Mpeg-2 のみ
flv	AAC、MP3、PCM など	H.263、H.264 など
mp4	AAC、AC3、MP3 など	H.263、H.264、Mpeg-4 など
mov	AAC 、FLAC、MP3 など	H.263、H.264 など

※ここに記載のない動画ファイル形式に関しては、ネットなどで調べるとよいでしょう。

**ステップアップのために
これだけは心がけよう!!**

①動画データや音声データの仕組みを知っておこう。
②自分たちのファイルはどのコーデックに対応しているのかを知っておこう。

ポイント 35)))

整音で作品の質をアップ

作品の音に安定感を出す作業として「整音」があります。整音は、収録音を整えて聴きやすくなるように加工を行う工程のことを言います。基本的な作業の流れとして、整音は映像の編集が完了した後に行います。ここでは、代表的な整音作業について基本知識をお伝えいたします。

コツ 1 ノイズを除去する

整音でよく行う作業は、「ノイズ除去」です。よくあるノイズには、リップノイズ（P36参照）、ポップノイズ（電源のオン・オフで出るボツ音）、マイクに風が当たってできるフカレノイズ、空調ノイズなどがあり、こうしたさまざまな雑音が入ってしまいます。そうしたノイズを専用のソフトウエアを利用して除去する作業です。

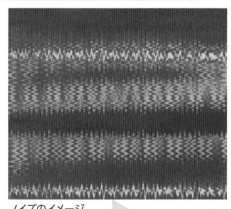

ノイズのイメージ

ワンポイントアドバイス

「整音」は作品の質を高める上で大事な作業です。作品の総仕上げになる作業ですから、最後まで頑張って！

流れを滑らかにする

　異なる場面のカットを繋げる際、音が途切れないようにスムーズに繋がるように補正する作業です。映像はカットごとにアングルが変わっても違和感はありませんが、音声が途切れて次の音に変わると違和感があるものです。そこで、音声素材同士を滑らかに繋ぐ作業が必要となります。

滑らかなイメージ

質感を上げる

　インタビューの音声をステレオからモノラル音声にして声を安定させたり、BGMや効果音を調整したりするなど、全体的に音の質感を上げる作業を行います。

　なお、整音作業を行うにはソフトウエアが欠かせないツールとなります。ソフトは有料と無料のものが出ています。インターネットで探せば複数のソフトが出てきます。それぞれの評価を確かめた上で、自分が使いやすそうなソフトを選んで使いましょう。

UP!

**ステップアップのために
これだけは心がけよう!!**

①「ノイズ除去」をしていこう。
②音の流れを滑らかにしよう。
③音の質感を高めよう。

取材対象者を決めよう

取材のテーマが決まったら、そのテーマに合った取材対象者を選定することが大切です。取材対象者には、取材日時の調整や質問内容などを事前に伝え、そのテーマに合った話が聞けるように進めることや、当日の取材スタッフとの打ち合わせも事前に行っておきましょう

コツ 1 取材対象者との調整交渉

取材の対象者が決まれば、まずは取材日の調整交渉をしなければなりません。相手の都合のよい日時を予め問い合わせ、そこで自分たちの都合と照らし合わせて取材日時を決めます。また、取材内容を事前に伝え、取材者が話す内容の方向性も決めておく必要があります。できれば、取材依頼書を作成し、取材の主旨やテーマなどをしっかり取材対象者に伝え、予め心の準備、聞かれる内容への準備をしてもらうことが大切です。

ワンポイントアドバイス

作品制作の中で、最もキモとなる取材対象者を、十分に調査したうえで決めよう。

取材をする際の注意点

　取材対象者には、メディアに姿を出してよいのかどうかを事前に確認する必要があります。ときにはそのことを望んでいない人もいます。顔出しOKか？　声だけならOKか？　また、本名でOKか？　匿名でならOKなのか？　学校放送でも人物への撮影には細かな配慮が必要です。

スタッフとのミーティングが大事

　取材を、メンバーそれぞれの分担を決めてチームで行う場合は、取材当日に向けて、その取材内容の確認を全員で行いましょう。チームのリーダーは、特に撮影担当や録音担当などには、取材のポイントやカメラワークなどについても打ち合わせしておきましょう。そのためにはおおまかな台本をつくっておくことが大事です。

**ステップアップのために
これだけは心がけよう!!**

①取材対象者との交渉面では、取材の主旨やテーマなどをしっかり取材対象者に伝えることが大事。
②取材対象者には、どこまでメディアの露出がOKかを事前に確認する。
③取材のポイントやカメラワークなどについて、事前にメンバーと打ち合わせしておく。

取材（インタビュー）の進め方と質問テクニック

ドキュメンタリーとは、ノンフィクション（史実や記録にもとづいた文章や映像などの創作作品）と呼ばれる形態のひとつで、取材対象に演出を加えることなく、ありのままに記録された素材を編集してまとめた作品のことです。ここでは、ドキュメンタリー作品を制作する上で欠かせない、人物への取材の手順と大切なポイントをお伝えします。

コツ 1 取材の進め方・ポイント

取材における大切なことは、ポイント20（P48）で述べましたが、ここでは改めて取材の手順とポイントについてまとめます。

まず取材対象者に会ったら、「自己紹介」をし、次に「取材の目的」を述べます。次に事前に考えた質問を一通りしていきますが、深められそうな回答があっ

たら、その都度臨機応変に掘り下げて質問をしていきましょう。なお、相手の回答を自分が理解しきるまで、次の質問に進まないことが大切です。また、円滑に進めていくには、相手の気持ちを考えながら進め、無理に回答の強要は避けたいものです。最後に、相手からもらえる資料は遠慮しないで受け取りましょう。

ワンポイントアドバイス

ドキュメンタリーは、相手から生の情報を引き出す、つまり、イキで新鮮さを感じさせる内容が大事。

自己紹介をする

取材の目的を
伝える

予定の質問事項に
従って質問をしていく

→深められそうな回答があった
ら、その都度臨機応変に掘り
下げて質問をする

※相手の回答を自分が理解しき
るまで、次の質問に進まない
※相手の気持ちを考えながら進
める

取材できたことへの
感謝の意を伝える
資料を受け取る

相手の本音を引き出す質問

ドキュメンタリーは、人の真摯な生き方や主人公の現実と葛藤する姿に、制作する側も向き合うことになります。その作品がどのようなテーマであれ、人に取材をする際は、取材対象者の本音（本心）を引き出すことが、その作品に説得力や迫力をもたせます。そのため取材する側（取材者）は、事前に取材対象者のことを知っておくことはもちろんのこと、質問の内容を検討し、一般論や当たり障りのない話ではない、本音の話を引き出せるように心がけましょう。（詳しくはP66コラム参照）

＜取材対象者への質問のしかたの例＞
○そのことをはじめた動機やきっかけは何ですか？
　→◎なぜそのことを自分がやろうと思ったのですか？（動機の背景をより深く探る）
○なぜそうしようと思ったのですか？
　→◎なぜ○○しようとは思わなかったのですか？（具体的な例を提示＋否定形で、
　　より深く取材対象者の思いを探る）
 - など。

ステップアップのために
これだけは心がけよう!!

①取材（インタビュー）には流れを押さえよう。
②質問を工夫しよう。

取材したら台本と違ったことへの考え方・対処法

実際取材してみたら台本とは違う想定外なことも……。予め台本（シナリオ）を作成して作品の制作を進めていきますが、ともすれば、机上の空論になりがちです。話の流れ、方向が予定通りにならなくなった場合には、制作の方向を変える必要があるかもしれません。場合によってはテーマ自体の変更も検討しなければならない事態も起こり得ます。ここでは、そうした事態に直面したときのための考え方・対処法をお伝えします。

コツ 1 「何が真実か」を追求することが大事

　ドキュメンタリーは、「真実」を伝えることが作品の使命と言っても過言ではありません。そのために、限られた制作期間の中で、決められた長さの作品（大会等に出て審査を受ける場合）として仕上げていくことが求められます。そして作品の方向性は台本の中に盛り込まれていることでしょう。しかしここで注意すべきは、台本の流れにこだわり過ぎてしまうと、せっかくの撮影内容があたかも

型にはまった面白味のないものになってしまいがちです。台本通りにいくかいかないかに拘らず、真実を追求することが大事です。

👉 **ワンポイントアドバイス**

いざ取材したら、台本と違うことは当たり前。そこからどう真実を解き明かしていくのかが大切。

コツ 2　台本と実際との違いに気づくことも大事

　いざ取材をしてみると、台本として予め想定した内容にはなっていかないことがしばしばあります。その原因は、その台本をつくる時点でのテーマへの意識の甘さや事実認識のズレといったこともあるでしょうし、新たな真実の発掘といったこともあるでしょう。特に後者の場合は貴重な発見です。そのようなときは、迷わず新たな台本づくりに取りかかりましょう。

コツ 3　決してしてはいけないこと

　作品を台本通りに仕上げようとした場合、前述のように予定通り進められない（台本通りに進められない）ことが往々にして起こります。特に映像の構成要素としてほしい素材などが撮れなかった場合、作品として仕上げても今ひとつ迫力を出せないということもあります。そんなとき、「こんな映像が撮れたら」と思うでしょうが、決して自分たちの都合のいいように自然に手を加えたり、新たに人為的につくったりしてはいけません。

> ＜報道に関する倫理規定の概要＞
> （各国各機関で作成されている主な内容）
> ①真実や正確性の尊重
> ②プレスの自由
> ③公正な取材
> ④情報源の秘匿、
> ⑤公平な報道
> ⑥人権の尊重

**ステップアップのために
これだけは心がけよう!!**

①「真実とは何か」を真摯な姿勢で追求しよう。
②最初の台本と現実の違いに気づくことこそ、充実した作品への入り口となる。
③つくり手に都合のいい虚偽の映像は絶対につくらない。

手持ちカメラでの撮影のポイント

映像制作においては、固定式カメラでの撮影もあれば、ハンディな手持ちカメラでの撮影もあります。特に手持ちカメラは、軽量で機動性に優れていることから、多くの場面で使われていることでしょう。しかし、便利なだけの使用では、よい作品はできません。その使用上のメリット・デメリットを予め押さえた上で効果的に使いましょう。

コツ 1 手持ちカメラのメリット・デメリット

　三脚で固定した状態での撮影が基本ですが、動画撮影で、あえて手持ちカメラに置き換えた場合、そのメリットやデメリットを押さえておく必要があります。メリットとしては、軽量で機動性に優れている点や、持ち方によっては下からの撮影もできる点などです。しかし、デメリットとしては、安定せずに画面がブレがち（手ブレ補正の機能があれば別）、構図の善し悪しや画質が撮影者の熟練度に左右されがちである点などがあります。

ワンポイントアドバイス

手持ちカメラはメリットは大きいが、デメリットもあるので、その点をよく認識することが大切。

手持ちカメラの効用その1

　手持ちカメラでの撮影は、実は特別な意味を持たせることができます。それは、手持ちで撮ることによって、より感情豊かに臨場感溢れる映像づくりができるようになるのです。

　その代表的な使い方としては、「主観的な映像表現」として、主人公の目線など、特定の人物の目線になり代わること

で、その映像に特徴を出すことができるということです。もちろん、不特定な「誰かの視線」として使うこともできます。

手持ちカメラの効用その2

　被写体の歩幅に合わせて並んで動くことで、むしろブレることが臨場感につながり、被写体が自然に歩く姿を映し出すこともできます。また、持ち方や機材との組み合わせによって、ローアングル（カメラ位置を低くして、被写体を見上げるように写す撮影方法）での撮影も容易にできます。このように、そのシーンにおいて臨場感溢れる映像を撮る際に非常に効果を発揮するのが手持ちカメラです。

ステップアップのためにこれだけは心がけよう!!

①手持ちカメラのメリット・デメリットをよく認識しよう。
②人の視線を表現するには最適。
③工夫すれば別に効果的なアングルも撮れるということも押さえておこう。

「心の動き」のある映像を撮ってさらに説得力をもたせよう

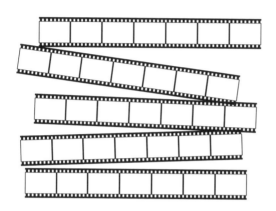

インタビュー場面の撮影では、ともすると単調な印象を視聴者に与えることがあります。
より視聴者にインパクトを与えたければ、そこに一工夫が必要です。ここでは、撮影方法の有効な手段のいくつかをご紹介します。

コツ 1　訪ねて行くところから撮るのも効果的

　インタビュー場面の撮影は、安定感はあるのですが、ともすると、いかにも用意された場面、そこで用意された台本を読んでいるような、味気なく動きのない映像になりがちです。そこで映像に臨場感をもたせる工夫の一つとして、敢えて相手を訪ねて行くとこから撮るという方法があります。

ワンポイントアドバイス

　「心の動き」が撮れれば、その映像の説得力がぐんと上がります。そんな取材のスペシャリストを目指しましょう。

2 被写体に「動き」をつけると臨場感が増す

被写体を単にそのまま撮ることも大切なことですが、やはり、そこには動きをつけたいものです。それには、ズームイン（画面内で徐々に大きく映していくこと）や逆のズーム・アウトをしてとらえることも大切なテクニックですが、さらにパン（「panoramic Viewing ／パノラマのように見る」の略）（左右横振り）やティルト（Tilt）（上下振り）も合わせて、周りの風景や被写体の位置を周りの風景の中でとらえることで、動きのあるより魅力的な映像になります。

3 「動き」は物だけではなくて 「人の心の動き」も捉えよう

「動きは物だけではない。心の動きを捉えろ」

これはプロのドキュメンタリー制作者の言葉です。これにはテクニックが必要です。

なぜならば、取材対象者の心を動かす一言を取材者が言えるかどうかにかかってくるからです。この場合、心の動きはさまざまです。人の心が動くきっかけは、「動揺する」「心配する」「ドキッとする」という反応があってのことです。取材者はそうした心的反応を相手に起こすために、質問や会話の中に織り込んでいく工夫が必要となります。

ステップアップのために これだけは心がけよう!!

①動きのある映像を心がけよう。
②物を動きのある映像として見せるコツを押さえよう。
③心の動きを映像として見せるコツを押さえよう。

ポイント 41))) 撮影には中心となる被写体以外の周辺環境の設定が大事

撮影場面でのカメラマンは、背景を気にすることなく、被写体のみに意識が向きがちです。上手に撮れたと思って喜んで再生してみたら、そこに映された映像には、テーマの雰囲気とは違う、あるいは、映っていてほしくない物なども同時に映り込んでいることもあります。ここでは、そうしたミスをしないように、撮影時のポイントをお伝えいたします。

コツ 1 最初からアングルを決めておく

室内で撮影を行うときなど、作品のテーマに合った部屋の様子や関係した物品などが映るように撮ることが大切です。たとえば、社会問題として「電話を使った詐欺」をテーマとして扱う場合、取材対象者の後ろに電話やテレビなどがあると、メインの被写体ではないのですが、そのテーマを雰囲気として感じられる映像となります。同様に「孤独な老人」に関するテーマであれば、寂しさをかも

し出しているような部屋の様子やよく使う生活用品などを映り込ませることで臨場感を出すことができます。

ワンポイントアドバイス

撮影時には思わぬ映り込みには注意しましょう。

特に屋外での環境設定は、事前のチェックが不可欠

屋外での撮影も、コツ1と同様で、できるだけ作品のテーマに合った場所や物品を背景にして撮りましょう。その方がリアリティがあり、作品のテーマも伝わりやすくなります。逆に、テーマとは違った雰囲気の場所や物品はなるべく避けましょう。なお、特定のメーカーがわかる商品や特定の宗教や政治思想などが書かれたポスターや看板が映り込まないように注意しましょう。そのようなことから、撮影場所は必ず事前にチェックしましょう。

<屋外で撮影の前にチェックすること>
・特定のメーカーがわかる商品、商標
・特定の宗教や政治思想などが書かれたポスター
・商店などの看板
・背景にガラスがある場合の反射物（映り込むので注意）
 - など。

最初から特定の政治や宗教に関係した人へのインタビュー・撮影

コツ1、2で撮影現場での「映り込み」について述べましたが、では、撮影しようとする人が、最初から特定の政治や宗教に関係した人だった場合にはどうしたらよいでしょうか？　やはり、公正な映像という観点からすると、そのような特定の思想・信条は映り込むことのないように配慮するほうがいいでしょう。そのため、そのことを事前に撮影対象者に伝えておいて了解をしてもらってから撮影に入りましょう。

まとめ

ステップアップのために
これだけは心がけよう!!

①映り込みがないように最初からアングルを決めておきましょう。
②特に屋外での環境設定は、事前のチェックをしておきましょう。
③最初から特定の政治や宗教に関係した人に取材する場合は、理由を話して相手が納得したら撮影しましょう。

撮影現場の知的財産権上の注意点

知的財産権とは、著作権、著作隣接権や産業財産権（特許権・実用新案権・意匠権・商標権）、肖像権（プライバシー権、パブリシティ権）などのことを言います。これらの権利は撮影現場にしばしば関わってきます。ここでは、それらの権利について概要を解説いたします。

コツ 1 著作権、著作隣接権の概要を知ろう

著作権とは、美術や音楽、文芸、学術など作者の思想や感情が表現された著作物を対象とした権利のことを言います。著作者の権利は、財産的権利（著作物を活用して収益や名声などを得ることができる著作財産権）と、人格的権利（著作物の内容と著作者を紐づけることで、著作者の人間性を正確に表現する著作者人格権）に分類されます。また、著作物の創作者ではありませんが、著作物の伝達に重要な役割を果たしている実演家、レコード製作者、放送事業者、有線放送事業者に認められた権利が著作隣接権です。

<著作権の概要>

```
          ┌─ 財産的権利
          │   （著作財産権）
    著作権 ─┤
          └─ 人格的権利
              （著作者人格権）

  著作隣接権 ─── 実演家の権利、レコード
              製作者の権利、放送及び
              有線放送事業者の権利
```

ワンポイントアドバイス

他人の知的財産権を侵さないように注意しよう。分からなかったら専門家、専門機関に相談しよう。

音楽は特に著作隣接権に注意しよう

音楽を使用する場合は、特に次のようなケースに注意しましょう。著作権が消失している場合などでも著作隣接権が所有者・レコード会社等にあるため、使用許諾をとらないと作品の制作に使用できません。また、撮影中の背景音（偶然流れている音楽等）をそのまま録音してし

まうことも NG です。BGM が絶えない現場での撮影では、BGM を止めてから撮影するか、それができない場合は、その背景音にフリー音源をかぶせて元の背景音が聞こえないようにするなどの処理が必要です。

商標権、肖像権を知ろう

商標は、商品やサービスにおいて、誰がつくったのか、誰が提供するサービスなのかを表わす文字、図形、記号、色彩などの結合体（ロゴマークなど）のことを言います。商標権とは、それを独占的に使用できる権利のことを言います。特許庁に出願、登録することで、商標権として保護の対象となります。一方、肖像権とは、自己の容姿を無断で撮影されたり、撮影された写真などを勝手に公表されたりしないための権利です。この権利

は、プライバシー権（個人が持つ情報に対して他人から干渉・侵害を受けない権利）とパブリシティ権（自己の肖像や氏名のもつ経済的な利益・価値を本人が排他的に支配する権利）で構成されています。

<肖像権の構成>

```
                  ┌─ プライバシー権
肖像権 ───────
                  └─ パブリシティ権
```

ステップアップのために
これだけは心がけよう!!

①著作権、著作隣接権の概要を理解しておこう。
②音楽は特に著作隣接権も絡んでくることが多いことを理解しておこう。
③商標権、肖像権を理解しておこう。

ポイント **43**))))

屋外では撮影場所の許可の有無や 周りの住人、通行人にも配慮が大事

屋外で撮影をする際、許可を必要とする場合があったり、必要なくても近隣の住人に迷惑をかけないことはもとより、その場を通る人の妨げになってもいけません。また、近隣の住人から不安感や不信感を抱かれることもあってはなりません。

コツ **1**

事前に許可が必要かどうかを調べておこう

道路などの公共の場で撮影を行う場合には、事前に許可を取ることが必要な場合があります。しかし、許可を取ったからといって、撮影優先という気持ちでいてはいけません。近隣の住人や通行人に迷惑にならないように撮影しましょう。

ワンポイントアドバイス

特に屋外での撮影の場合は、許可が必要かどうか気をつけましょう。

＜撮影許可申請先＞

撮影場所	許可の有無	申請先
公道や公園、河川敷など公共場所	公道：歩道での撮影は、手持ちのカメラであれば特に申請しなくてもいい。ただし、①歩道を利用する一般の方の邪魔にならないようにする、②長時間ではないことが条件。カメラを三脚などで固定させて撮影する場合は許可が必要。	道路所在地による所轄の警察署
	公園：許可が必要。	管理事務所や自治体の窓口
	河川敷：許可が必要。	自治体の土木事務所や国土交通省事務所
私道やビル、アパート、マンションなど所有者がいる場所	私道：許可が必要。ビル、アパート、マンション：許可が必要。	所有者や管理者

「撮影している」ことが分かるようにしておこう

　撮影現場では、第三者から見て撮影していることが分かるようにすることも大切です。

　たとえば、○○高校放送部といった腕章をつけて、今撮影しているということが分かるようにしておくことで、周りの人から不信感や不安感を取り除くことができます。

　また、「これ、何の撮影しているの？」と質問されたときに備えて、口頭での回答と合わせて、撮影の目的や内容、自分たちの所属、連絡先などを記した概要書を作成しておきましょう。

まとめ

ステップアップのためにこれだけは心がけよう!!

①事前に許可が必要かどうか、どこに申請したらいいのかを調べておこう。
②撮影の際は、第三者が事情が分かるようにしておこう。

ドキュメント作品の編集のポイント

収録した映像編集において、大切なことは、せっかくの素材をどう活かし切るかということです。作品自体の時間的な長さの制約もあり、収録画像のすべては活かし切れないのは当然ですが、ここでは、どの部分を活かし、どの部分を削るかという方針を定める上での大切なポイントをお伝えします。

コツ 1 予め用意したシナリオに沿った流れで構成する

自分たちが考えたシナリオに沿った流れで編集してみましょう。なお、その流れで編集する際は、主人公の意志に反していないか、主人公のメッセージが伝わる構成かを確認した上で進めていきましょう。特にドキュメントは、編集上の都合を優先した場合に、主人公のメッセージが伝わりにくくなることがありますので、その点に注意しましょう。

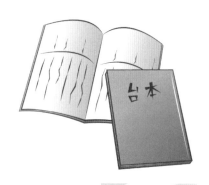

 ワンポイントアドバイス

どのように編集するか、しっかり方針を決めて編集を進めていきましょう。

コツ 2 主人公の話からキーワードを探して構成する

　話の中で、主人公のキーになる言葉を探しましょう。つまり、その人を「一番表している言葉」、「その人が一番思っている言葉」を見つけてください。その人が強く言いたいことは何なのか、そのキーになっている言葉です。たとえば、取材対象者が医師で「私は患者と共に生きていきたい」という言葉があった場合、患者と共に生きている画を、この次に探していきます。そのように、その言葉（キーワード）を中心に、映像の構成を

つくることも有効な方法です。

コツ 3 ラジオドキュメントは、適切な効果音・BGMが作品の質を上げる

　特にラジオドキュメントでは、効果音やBGMを効果的に使用しましょう。そして、BGMはただ流すのではく、音量に気をつけましょう。また、効果音も登場人物の心情が浮き彫りになるように工夫しましょう。ちなみに、効果音の制作手段としては、実際に環境音を生録音して編集する方法や、何かを使って似た音を発生させる方法などがありますが、効

果音フリー素材サイトなどを利用するのもいいでしょう。

ステップアップのために
これだけは心がけよう!!

①予め用意しているシナリオに沿って編集を進める。
②主人公のキーになる言葉を探して編集方針を決める方法もある。
③効果音、BGMをうまく活かそう。

創作ドラマのプロットをつくろう

どんなドラマにも、そこには作者の思いが込められた筋書きがあります。その筋書きの最初の段階が「プロット」と呼ばれる、物語全体の粗筋を前もって構成しておく段階の、ストーリー上の重要な出来事をまとめたものです。ここでは、ドラマ制作の基本となる「プロット」について、その作成方法を説明いたします。

コツ 1 伝えたいメッセージは何かを決める

　自分たちが考えたストーリーに沿った流れで構成してみましょう。まず、テーマ（メッセージ）を明確にし、起承転結で構成しますが、結末を最初に考えて、結末に向かって、起承転を組み立てるとよいでしょう。その際、あえていくつかの事件（プロットポイント）を盛り込んで、主人公や周りの登場人物が問題解決に向かってさまざまに行動しながら、心が葛藤・成長する様をシナリオで描けるようにプロットを整理し組み立てておく

と、シナリオが破綻することなく進んでいきます。

```
＜メッセージを決めるときの質問事項＞
・そのテーマはどのようなことが問題(課題)
なのか?
・そのテーマは社会的に意義のあるものか?
・それはどのような点で意義があると思うか?
・自分たちはこのドラマで視聴者に何を思って（あるいは、感じて）欲しいのか?
―など。
```

ワンポイントアドバイス

「プロット」がしっかりできてこその創作ドラマ。納得のいくストーリーラインを考えよう。

プロットの基本となる主人公＋5W1H

ひとつの代表的な例ですが、ドラマではまずは主人公を決めます。その主人公の名前、年齢、職業（あるいは役割）、性格などを検討します。そして、決めた後で、5W1Hにもとづいていくつかの重要な出来事（シーン）を決めます。ドラマ制作は、このように小さな物語の集まりで構成されることになります。

	許可の有無	申請先
主人公が	When　いつ	時代・季節・時刻
	Where どこで	場所
	Who　誰と	登場人物
	What　何を	対象物
	Why　なぜ	理由
	How　どのように	方法

物語にメリハリをつける

いくら内容がテーマ性のあるすばらしいものであったとしても、単調な話（ショートストーリー）の連続では、視聴者は飽きてしまいます。そこではやはり、物語にメリハリをつけ、視聴者の心を揺さぶるストーリーラインに仕上げていくことが大切です。そこで重要なのがクライマックス（緊張や興奮が最も高まった状態のこと）の置き方です。クライマックスをどのような話の流れの中で

どうつくるのか？　ドラマ制作の腕の見せどころです。

ステップアップのために
これだけは心がけよう!!

①伝えたいメッセージは何かを決めよう。
②主人公＋5W1Hでプロットをつくろう。
③メリハリのある物語にするにはクライマックスを設定しよう。

創作ドラマは台本読みが重要

台本がある程度できたら、台本読みを行いましょう。台本読みは、そこに書かれたセリフを通して、実際の撮影の際の演技の方向性を定めていきます。この段階では、あらゆる方向性（たとえば、悲しい感じを出すか、笑いの要素を入れるかなど）を検討し、自分たちの納得のいくあり方を探っていきましょう。

コツ 1 台本読みで役づくりの話し合いをしよう

プロット（P98参照）の後で、物語として、セリフやト書きなどを付け加えて台本（シナリオ）が完成します。いったん台本が完成した後はメンバー全員（もしくは、配役が決まっていれば登場人物を担当するメンバー）で台本読みを行いましょう。ここでは、台本のセリフを通して、お互いにアイデアを出し合って、登場人物それぞれのキャラクターの設定などの役づくりを行います。

 ワンポイントアドバイス

台本がある程度できたら、必ず台本読みを行いましょう。

コツ 2 台本読みでは、いろいろと演技の方向性を探ってみよう

台本読みでは、実際の演技はしません。あくまでセリフを通して、その役柄の気持ちやキャラクターを考えます。たとえば、怒るときに怒鳴るのか、泣きながら言うのか、あるいは黙って相手をにらむのか、それぞれを試しながら演技の方向性を探っていきます。また、そのことによって怒られ役の人の演技も変わってきます。このように、登場人物にリアリティが出せれば、演技に面白みが出せます。

コツ 3 台本読みをやっておけば、本番の撮影もスムーズ

台本読みで役づくりがひと通り完成すると、撮影現場は撮影自体に専念できます。逆にそうした過程を経ないでぶっつけ本番で撮影に入ると、役者にさまざまに迷いが出てしまうなど、その場での話し合いが頻繁に起こってしまい、撮影自体に専念できない事態に陥る危険性があります。その結果、よい作品ができなかったということになりかねません。

ステップアップのためにこれだけは心がけよう!!

①役づくりの話し合いが大切。
②いろいろと演技の方向性を探ろう。
③撮影をスムーズに進めよう。

絵コンテを描こう

絵コンテのコンテとは、「Continuity」(連続)が日本語で略語化されて定着した和製英語です。絵コンテは台本をもとにして各場面のカット割りや構図、カメラ・ワークなどを具体的に記述したシートのことを言います。ここでは、映像作品の設計図とも言える絵コンテについて基本知識をお伝えします。

絵コンテの記述方法

絵コンテには、映像、音声ことば(セリフやナレーション)、S.E.(サウンド・エフェクト/効果音)、M.E.(ミュージック・エフェクト/ジングル[短いスポット用の楽曲])(これらは映像作品の4要素と呼ばれる)を、時間的な情報とともに記述します。

	絵コンテ			
カット NO	画面	秒	セリフ	内容/使用する音素等

絵コンテのフォーマットの例

ワンポイントアドバイス

絵コンテは映像作品づくりに不可欠なものです。撮影前に絵コンテを描きますが、しかし撮影や音声録音の現場ではそれにこだわりすぎないことも大切です。

コツ 2　絵コンテに必要な要素

　映像の絵コンテには、カット割りや各カット・シーンの時間、構図（画面サイズ［メインの被写体の画面内での大きさ］、カメラの高さ、カメラ・ポジション、アングル）、カメラ・ワーク、被写体の向きや移動方向、照明への指示などを書き込みます。

コツ 3　音声を絵コンテで表わす際の必要な要素

　音声の絵コンテには、セリフやナレーション、S.E.やM.E.の種類やタイミング、フェード・インかフェード・アウト、録音の指示などが書き込まれます。
　なお、実際の撮影や音声録音の現場では、新たに気づいたり、新たなアイデアが浮かんだりすることも多いため、絵コンテに縛られてしまうことのないようにしましょう。

**ステップアップのために
これだけは心がけよう!!**

①絵コンテの記述方法を知ろう。
②絵コンテに必要な要素を知ろう。
③音声を絵コンテで表わす際の必要な要素を知ろう。

ドラマ撮影準備とリハーサル

カメラが撮影現場に入ったら、まずは入念に本番の撮影前に準備をしましょう。準備にはカメラ・ポジションの決定からリハーサルまでやるべきことは多くあります。ひとつひとつのことをおろそかにせずに確認しながら行っていきましょう。

コツ 1 被写体とカメラ・ポジションの決定

まずここでは、何をどのように撮影するのか、そのためにはどうしたらいいのかを確認しましょう。また、「何を撮影するか」ということは、逆に「何を撮影するべきではないか」といったことも念頭に置いて撮影を行いましょう。そして、次に「どこから撮影するか」ということで、カメラ・ポジションを決定します。カメラ・ポジションを決定する大切な要素として、被写体の角度、入れるべき背景、入れるべきではない背景、被写体との距離感や光源（特に屋外撮影の場合は太陽の位置）、その場にカメラを設置できるか、などが挙げられます。

ワンポイントアドバイス

カメラ担当は、本番の撮影前の準備をしっかりと行いましょう。よい作品をつくるためには大事なことです。

画面サイズの決定から
マイクのセッティングまで

　次に、画面サイズ、カメラの高さ、カメラ・ワーク、照明の決定、マイクのセッティングなどに進みます。特に照明（P75参照）は、照度の確保はもとより、被写体の立体感を際立たせたり、材質感を演出したりする上で大切な要素です。

リハーサルで確認すること

　時間が許す可能な限り、本番前にはリハーサルを行いましょう。そこで確認することは、
①セリフや演技は演出的にOKか。
②被写体の動きは、照明範囲から出ないか。
③マイクの位置はOKか。
④撮影機材の一部が、画面に入っていないか。
⑤映像や録音レベルはOKか。
といったことを重点的にチェックしましょう。

ステップアップのために
これだけは心がけよう!!

①「何を撮影するか」「何を撮影するべきではないか」
　を決めよう。
②演出には照明の位置や光の当て方などが重要。
③リハーサルは必ず行おう。

ポイント 49)))

テレビドラマ撮影テクニック（1）

人物を撮影する際、ズーム・アップかズーム・アウトかで印象が違ってきます。心理描写の効果はズーム・アップ、その人物を周囲の状況とともに存在を表現したいのであればズーム・アウト。ここでは、基本的なカメラ・ワークの実例とともに、撮影テクニックを紹介いたします。

コツ 1　ズーム・アップとズーム・アウトの使い分け

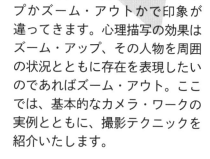

　放送業界では、ズーム・アップ（ズーム・インと同義）のことを「レンズの玉が長い」、「長玉」と言い、その反対に、ズーム・アウトのことを「レンズの玉が短い」、「ワイド」と言う表現をします。この玉の長さ、長玉気味で撮るかワイドで撮るかというのは、実はそれこそ登場人物の心理を表現する際に有効なテクニックとなります。

ワンポイントアドバイス

同じサイズでも玉が違うとどう違うか、同じ人のアップを撮るのでも、ちょっと上めから撮るのと下から撮るのと、どういう印象が違うか、みんなで話し合ってみましょう。

コツ 2 物思いにふける人物の心理を表現したいときはズーム・アップ

たとえば、1人の人物が何かしらの思いにひたっている画を撮るときに、同じサイズでもカメラを遠くに置いて長玉、ズームインして特定のサイズを撮るのと、カメラを近く置いてワイドで撮るのとでは印象が違います。具体的には、腰から上を長玉で撮った場合は背景がボケます。すると視聴者は、その人の心理にぐっと興味を惹かれます。もしくは、主人公がふっと気持ちが隔絶されて、自分の思いにひたっている印象の画になるのです。

コツ 3 基礎練習を毎日続けよう

反対に、ワイドの場合は背景も何もかもピントが合った感じに仕上がります。すると視聴者は、たとえばその人が立っているその土地の、そこがどういう場所なのかという意味合いとつながった思いに導かれます。もしくは、そのようにたたずんでいるその人と風景が融合され、場所とその人とのつながりを感じるようになります。このように、同じカット割りでも、強い効果を玉の長さの選択で映像に与えることができます。

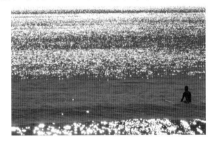

ステップアップのためにこれだけは心がけよう!!

①ズーム・アップとズーム・アウトを効果的に使い分けよう。

②物思いにふける人物の心理を表現したいときはズーム・アップ。

③人物とその場所とのつながりを表現したいときはズーム・アウト。

テレビドラマ撮影テクニック (2)

人物を撮影する際、光をコントロールすることによっていろいろな効果が望めます。また、狭い場所で撮影する場合にはカメラ・ワークを考えながら、移動場所で事故やケガをしないように注意しましょう。

コツ 1 顔に光を当てて周囲から浮き立たせる

撮影現場において気をつけたいことのひとつに、照明を必要とするかどうかや、必要とした場合の光の当て方があります。現在市販されているカメラは、以前と違って感度がよいため、多少暗い場所でも照明がなくても撮影できます。しかし、よりインパクトのある映像にしたいのであれば、光量の強いライトを1灯か2灯用意して、その明かり（屋外ではレフ板でも可）を人（役者）の顔に当てるとよいでしょう。実は、映像ではその場で肉眼で見るよりも人物の顔はやや明るく見えます。しかし、その後ろに壁があっ

たりする場合は、映像として人の顔はぼやけてしまうのです。ですから、少しだけ顔に光を当てて明るくすると、その顔が引き立ち、見映えがよくなるのです。

ワンポイントアドバイス

人物の撮り方はさまざま。その場所や見込んだ効果に合った撮り方を工夫しましょう。

逆光への対処法を知っておこう

　屋外でのカメラ・ワークでは、撮影の際、どうしてもこの背景を撮りたいというときに逆光になる場合があります。その場合は、逆光の効果として、人物のシルエットを狙うときもありますが、そうしたカットが必要のない場合は、基本は立つ向きを少しはすにして、顔の半分だけでも外光を受ける画にし、暗い側も極力フォローで光を当てるといったことをするとよいでしょう。

狭い場所での撮影の注意

　室内、それもアパートやマンションなどですと、空間的に狭い場所であることが往々にしてあります。そうした状況の中で被写体となるその人物の全身を映したい場合には、引き尻（じり）を確保できるような撮影場所を選ぶのがいいのですが、その距離が確保できない場合は、カメラ・ワークとして、廊下や廊下に面した台所、あるいは、窓の外、ベランダなどからの撮影も試してみましょう。な

おその際は、事故やケガなどをしないように注意しましょう。

ステップアップのために これだけは心がけよう!!	①顔に光を当てて周囲から浮き立たせるテクニックを知ろう。 ②逆光への対処法を知っておこう。 ③狭い場所での撮影には注意しよう。

テレビドラマ作品の編集のポイント

撮影したドラマ映像の編集作業をする際、編集を工夫することで映像をより印象深く視聴者に見せることができます。
ここでは、そうした編集テクニックのいくつかをご紹介します。

コツ 1 映像を劇的に見せるために「スピードの調整」を工夫しよう

映像を劇的に見せるためには、通常の速さで見せる部分とスローモーションや早回し、逆回し、ストップモーションなど、現実時間とは違う時間を映像中に織り交ぜて見せることも効果的です。このことによって、「ここを見て欲しい」と思う部分を強調する効果があります。

ワンポイントアドバイス

よい作品をつくるための編集には、さまざに効果を見込んだ工夫が必要です。

コツ2 場面転換を工夫しよう

　映像作品は、どのような作品でも複数の連続した場面で組み立てられています。そして、その内容をコミカルなものにするのか、シリアスなものにするのか、アップテンポなものか、スローテンポなものか、その内容によってさまざまに場面転換（トランジション／切り替え効果）を考えることも大切です。切り替えにはフェード・イン／フェード・アウト(インは暗い画面から徐々に明るくなって映像を見せる。アウトはその逆)、フォーカス・イン／フォーカス・アウト（インはぼけた画面から徐々にピントが合ってくる。アウトはその逆）、オーバーラップ（2つの画が重なり合って画面が切り替わる）などがあります。ストーリーに応じて効果的に使いましょう。

コツ3 違法行為の映り込みには注意しよう

　たまたま映り込んでしまった映像でも、遠方に人や車が通る姿が微かに見える、あるいは、人の後ろ姿が映り込んだ程度であれば問題なく使えることが多いです。しかし、その映り込みが、自転車を2人乗りしている、道路を横断する人が横断歩道を無視して渡っている、信号を無視して渡っているなど、違法行為が映り込んでしまった場合は、そのままでは使えません。問題の部分をカットするなどの処置が必要です。注意しましょう。

まとめ

ステップアップのためにこれだけは心がけよう!!

①映像を劇的に見せるために、スローモーションや早回し、逆回し、ストップモーションなどを入れてみよう。
②場面転換の手法には、フェード・イン／フェード・アウト、フォーカス・イン／フォーカス・アウト、オーバーラップなどがあり、ストーリーに応じて効果的に使おう。
③違法行為の映り込みには注意しよう。

動画配信の知識を持とう

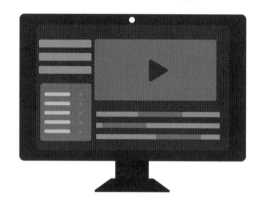

本項では、撮影した動画の配信について、配信形態や画質などの点で知っておきたい知識をまとめました。制作した動画をコンテストに提出する際には、必要な基礎知識となりますので、ぜひ理解しておきましょう。

コツ 1 配信形態を知ろう

　動画配信形態には、オンデマンド配信、ライブ配信、疑似ライブ配信、ストリーミング配信があります。これらの違いは、オンデマンド配信は、事前に制作した動画を予めサーバーにアップロードしておき、いつでも視聴できるよう配信する方式です。

　ライブ配信は、配信サーバーやインターネット回線を経由して、映像や音声をリアルタイムに視聴者に届ける双方向コミュニケーションが実現する配信のことを言います。それに対して、疑似ライブ配信は、事前に収録・編集した動画コンテンツをライブ配信（双方向コミュニケーションが実現）する方法です。また、

ストリーミング配信は、視聴したいファイルのデータ全てをダウンロードしてから再生開始するダウンロード配信とは違い、視聴者がインターネットを介して小さく分割されたデータを受信しながら再生するという方式です。

動画の画質について

コツ 2

　動画の画質は「ビットレート」「解像度」「フレームレート」「コーデック」といった要素で決まります。次に、それぞれの用語の解説をします。

 ワンポイントアドバイス

画像配信の技術は必須のスキルです。

(a) ビットレート

　1秒間あたりのデータ量のことを「ビットレート」と言います。ビットレートには、音声ビットレートと映像ビットレートがあり、容量としては、通常は映像ビットレートの方が大きいです。値にして、音声の目安は「96kbps～128kbps程度」に対して映像の方は「500kps～70Mbps」と画質によって差

があります。
　なお、bps（ビーピーエス）とは、bits per secondの略で、動画が1秒間に何ビットのデータで作成されているかを表わします。1kbps（キロビーピーエス）は1000bps、1Mbps（メガビーピーエス）は1,000kbpsのことです。

(b) 解像度

解像度（動画サイズ）は動画の画質に関わる重要な要素です。
　縦×横のピクセル数で表わされる画素数のことを言います。1280×720pxなどと表記され、数値が大きいほど解像度は高くなり、映像の細かいところまできれいに映ります。また、大きくするほど高いビットレートが必要になります。
　最適な解像度を保つためには、横と縦のサイズの比率が重要です。

　この比率のことを「アスペクト比」と言います。アスペクト比は、横サイズ：縦サイズで表記されます。一般的に、PCでの視聴を前提とした場合には16：9が適用されています。
　ちなみに、映画は「シネマスコープ」と呼ばれる2.35：1の比率になっています。これは、16：9と比べるとかなり細長いサイズになります。

(c) フレームレート

1秒間に何枚のフレーム（静止画像、コマ）を表示するか、その単位を「フレームレート」と言います。単位表示としてはfps（フレーム・パー・セカンド）が使われ、15fpsだと1秒間に15枚のフレームを表示するという意味になります。

ちなみに、1秒間に30のフレームを詰め込んだもの（30 fps）がNTSC規格（NHK杯全国高校放送コンテスト全国大会応募動画作品の条件）です。

(d) コーデック

PCブラウザ、スマホ、Webなどで見られる、世界中で使用されている汎用的なコーデックにH.264（詳しくはP79参照／NHK杯全国高校放送コンテスト全国大会応募動画作品の指定コーデック）があります。

コツ2 高い映像ビットレートのメリット・デメリット

動画配信を行うとき、できるだけ高画質（ビットレートが高い画質）で配信したいと思いがちです。

しかし、高画質にはデメリットもあることを理解しておきましょう。

それは、ビットレートが高くなればなるほど動画ファイルの容量が上がってしまうことです。そのことでインターネット環境によってはスムーズに再生・DL（ダウンロード）できなかったり、配信時や転送時の負担が大きくなるといったデメリットがあります。

動画の適切なビットレートは、映像の内容によりますので、画質を上げることが必ずしも必要ではありません。動きの少ない映像であれば、解像度はSD（720 × 480px）やHD（1280 × 720px）で、それ程高くない映像ビットレートでも視聴に十分だと言えます。

適切な解像度とビットレートの目安については次の図表を参照してください。

図表　映像の解像度と適性ビットレートの目安

解像度	動きの少ない映像	動きの多い映像
SD（720 × 480px）	500kps 〜 1Mbps	1Mbps 〜 2Mbps
HD（1280 × 720px）	2.4Mbps 〜 4.5Mbps	4.5Mbps 〜 9Mbps
フル HD（1920 × 1080px）	4.5Mbps 〜 9Mbps	9Mbps 〜 18Mbps
4K（4096 × 2160px）	25Mbps 〜 35Mbps	35Mbps 〜 70Mbps

※注：30fps想定での数値、2023年2月時点（適性ビットレートは映像内容によって多少前後することがある）
※映像コーデックにMPEG4を使用する場合の目安です。（コーデックにより圧縮効率が異なります）
出所：株式会社Jストリーム

まとめ

**ステップアップのために
これだけは心がけよう!!**

①動画の主な配信形態を知ろう。
②動画の画質は「ビットレート」「解像度」「フレームレート」「コーデック」で決まる。
③アスペクト比とは何かを把握しておこう。

Column

感染症対策について

　日々いきいきと部活などの活動を楽しみながら学校生活を送るためには、日ごろからの健康管理が大事です。

　そのためには、適切な食事や運動、そして睡眠などの生活リズムを一定に保つことを心がけることはもちろんのこと、インフルエンザや新型コロナなどのウイルス感染や、食中毒を引き起こす細菌感染などが起きないように十分注意することが大切です。

感染症対策

　具体的な感染症対策としては、次のことが基本となります。誰でも心掛け次第でできることですので、日々の生活の中で徹底して行うようにしましょう。

①手洗い：石けんを使って指の間までこまめに手を洗いましょう。

②消毒：アルコール消毒剤を使って、こまめに手に付着したウイルスなどの除去に努めましょう。

③マスク着用：多人数が密集している中にいたり、他人と接したりする場合は、マスクを着用しましょう。

④ソーシャルディスタンス：他人との距離を保ちましょう。

⑤咳エチケット：咳やくしゃみの際は、マスクを着用したり、口を覆いましょう。

⑥換気：室内はこまめに換気しましょう。

⑦発熱や風邪症状のある場合は、ただちに学校に連絡し、自宅待機もしくは医療機関で検査を受けましょう。

感染症にかかってしまったら

　症状が軽い場合には、自宅で安静にし、適切な栄養と睡眠をとることが大切です。その際、家族（もしくは、ルームメイトなどの同居者）との距離を保ち、必要がなければ、できる限り部屋からは出ないようにしましょう。ただし、素人判断は危険を招く可能性があるため、軽くても気になる場合は医療機関を受診しましょう。

　また、感染拡大を防止するため、咳やくしゃみをする際はマスクを着用し、手洗いや手指の消毒をいつも以上に徹底して行ったり、部屋の換気を定期的に行ったりすることが大切です。

4章

情報リテラシーと
メディアリテラシー

情報過多な現代社会の中で、いかに正確な情報を入手し、それを自らの活動に活かしていけるか、本章では、そうした情報リテラシーおよびメディアリテラシーについて解説いたします。ぜひ押さえておきましょう。

情報リテラシーを持とう

情報リテラシーとは、情報源の信頼性を適正に判断し、情報の内容を評価・整理・分析して適切に伝えるためのスキルや能力のことを指します。ここでは、情報リテラシーを持つための情報に対する考え方やポイントをお伝えします。

コツ 1 ステレオタイプな考え方・先入観念には気をつけよう

　ステレオタイプとは、特定のグループに対する一般的な思い込みや先入観のことを言います。以下にありがちな例を紹介します。

ステレオタイプな考え方の例

思い込み例	具体例	
性別	男性　肉体的に強い　女性　肉体的に弱い	
	男性　理論的　　　　女性　感情的	
	男性　性格が大雑把　女性　性格が細かい	
年齢	男高齢者　IT に弱い　　若者　IT に強い	
血液型	B 型は「わがまま」　A 型は「協調性」がある	
動物	ライオンやトラは強い、ウサギは臆病で弱々しい、犬は飼い主に従順、など。	

ワンポイントアドバイス

情報リテラシーは放送人にとって無くてはならない能力です。

コツ2 データに騙されないようにしよう〜統計リテラシーについて〜

一般的に私たちが新聞やテレビ、雑誌などで目にする統計データは、何らかの目的をもって調査が行われ、その集計結果をグラフや図にしたものです。代表的な調査方法としては、街頭やインターネットを通じてのインタビューやアンケートがあります。そこから得られたデータを数値化し、グラフや図表にしているのです。

しかし、あたかもそのグラフや図表は真実（実態）を表していると信じ込むことは禁物です。実は世間には、恣意的に歪められた数値や根拠が怪しい数値を用いてつくられたものもあります。したがって、統計グラフやそれを用いた図表を利用する場合には、どのような調査の結果なのか、その調査対象は偏っていないか、調査自体の数は少なすぎないかなどに注意を払いましょう。また、グラフや図表などを引用するときは、どこから引用したデータか「出所」を明記しましょう。

コツ3 ネットの情報を信じ込まないように気をつけよう

調べ事があるときは、インターネットで情報を集めている人は多いのではないかと思います。そのようなときに、インターネットで調べた内容をそのまま信じてしまわないように注意しましょう。インターネットの情報には、信頼性の高い情報がある反面、正確ではないことや、個人的な意見や感想をあたかも事実のように伝えていることもあります（詳しくはP124参照）。

もしあなたが、そのように他者の間違った情報を引用して別の人に伝えた場合、その責任は発信元にあると共に、よく確かめずに引用して伝えてしまったあなたにも及びます。その点を十分注意してインターネットからの情報を吟味していきましょう。

記事か広告かを見極めよう

新聞の記事やテレビのニュースなどは、その新聞社やテレビ局に所属する記者やレポーターが客観的な視点で事実を伝えています。それだけに、事実を知りたい多くの人から注目と信用を得ています。

しかし、そうした注目度や信用度を広告や宣伝に利用する取り組みもあります。それが記事広告という記事形態の広告です。広告主が提供する製品やサービスについて、読者が広告であることに気づきにくいため、読者に対する広告の訴

求力が高いとされています。記事を読むときは、参考にしようとしているその記事が実は広告かどうかも注意することが大切です。

数字には騙されないようにしよう

前に述べました「データに騙されないようにしよう」と関連しますが、私たちは、数値的な情報を理解して判断する能力を持つことが大切です。それは、数字が表わす意味を正しく解釈できることに

つながります。なぜならば、日々日常生活で接している数字には、そこにトリックが隠されている場合もあるからです。卑近な例には次の例があります。

例：

今なら 10%引きお得！

定価（消費税別）：5,000 円　500 円の値引き！

実際の値段：4,500 円

さらにグレードアップ商品は 15%引きでもっとお得！

定価（消費税別）：8,000 円　1,200 円の値引き！

実際の値段：6,800 円

※買おうとした通常の商品とグレードアップされた商品を比較して、あまりメリットに差がない場合には結果的に 2,300 円も多く支払ってしまうことになります。

このような情報は日常生活の中でいたるところで目にします。これが自分にとって価値がある物やサービスを享受できるのであれば問題ありませんが、往々にして数字のトリックにはまってしまう（例の場合は10％と15％の比較）こともあるのです。社会的な問題に目を向ける際には、その数字がどのような意味があるのかを理解できるように数字に対する意識を高めておきましょう。

6 日々流されるニュースから勝手に思い込みをしてはいけない

テレビやラジオ、インターネットなどメディアで流されるニュースの内容を吟味する習慣を持つことが大切です。例えば、テレビなどで殺人や強盗などの重大事件が連日取り沙汰されています。そのような刑事犯罪は年々増えているように錯覚しがちですが、実は2017年から2021年までの統計では、「刑事事件認知件数」は2017年の刑事犯罪件数に対して40％も減少しています。同様に、最近では新型コロナウイルスの話題がニュースであまり取り沙汰されなくなりました。このことで、もう新型コロナウイルスの蔓延は終息したかのような錯覚を起こしがちですが、実際は新型コロナウイルスの累計感染者は世界で約6億7402万人（うち日本の感染者数は約3311万人）、死者は約686万人（うち日

本では約7万人）に達しており（2023年2月20日現在）、感染者数は日本を含む世界で今もなお広がっているのです。マスメディアの報道の傾向として、重大なことを一貫して放送しているのではなく、その時々の話題に左右される傾向があることを心得ておきましょう。

ステップアップのために
これだけは心がけよう!!

①グラフや図表などを引用するときは、どこから引用したデータか「出所」を明記しよう。
②インターネットからの情報を吟味しよう。
③マスメディアの報道の傾向を心得ておこう。

ポイント **54**)))

メディアリテラシーを持とう

メディアリテラシーとは、テレビ、ラジオ、新聞、雑誌、インターネット、ソーシャルメディアなどのメディアからの情報を適正に判断できるように、メディアがどのように情報を扱い表現するか、その特性を理解し、その情報を評価することができる能力のことを指します。ここでは、特にインターネット、ソーシャルメディアで起こりがちな「落とし穴」についてお伝えします。

 コツ **1** フェイクニュースの危険性

フェイクニュースとは、インターネットやソーシャルメディアなどの情報発信手段を利用して流された意図的な虚偽情報のことを指します。その目的は、政治的な陰謀や特定企業に対する誹謗・中傷、社会的な不安をあおるなどさまざまです。いずれにせよ、その情報源の多くは、悪意ある個人または団体が存在し、インターネットやソーシャルメディアでの拡散を目論んでその虚偽情報を流布していますが、中には悪意のない個人・団体であっても虚偽もしくは間違った情報を真実と勘違いして拡散させてしまうケースもあります（詳しくはP127「ポスト・トゥルース」参照）。

私たちはいずれの立場にもならないように、また、そうした情報に惑わされないように、日ごろから信頼できる情報であるかどうか、情報源を確認する習慣を持つことが大切です。

根拠のない嘘の情報

メディアリテラシーも放送人には無くてはない能力です。

価値観の多様性を失う「フィルターバブル」

フィルターバブルとは、ソーシャルメディアにおいて、ユーザーの過去の行動履歴や投稿内容をもとに、興味のある情報を選別したり、同じ価値観や意見を持つ人の情報を提供したりするプログラミング上の特性（アルゴリズム）が、却ってユーザー自身に、情報の多様性や反対意見に触れる機会を失わせることで起きる現象を指します。

たとえば、そのユーザーが毎日のように閲覧する特定のニュースサイトがある場合、そのユーザーが既に支持している立場や意見に関するニュースが優先的に表示され、ユーザーの嗜好に合わせて同じ種類のニュースを提供する傾向があります。

また、ソーシャルメディアを日常的に利用している人は、同じ種類の情報が表示され続けることがあり、情報の偏りが生じます。このように、ともするとフィルターバブルによって特定の偏った情報が社会の常識のように思ってしまいがち

購買履歴

ウェブ履歴

行動履歴

移動履歴

です。

そうならないためには、世界の多様性を認識し、複数の情報源から情報を収集し、自分自身で判断することが重要です。

コツ 3 反対意見を見えなくする「エコーチェンバー」

エコーチェンバーとは、ある特定の環境やグループの中にいて、同じような信念や意見を持っている者同士が互いに反響し合ってより強固な信念を持つようになる現象のことを指します。価値観や情報が多様化しており、自らが求めようとすればソーシャルメディアやオンラインコミュニティ、ニュースサイトなどから多様な情報が得られるのにもかかわらず、現代において特に顕著な現象とされています。

エコーチェンバーに陥ると、異なる意見に対して閉鎖的になり、一部の人々の意見や信念が社会全体に影響を与えてしまうことになりかねません。そうなると、社会的な分断や偏見を助長することになりかねません。

私たちがそうしたエコーチェンバーに陥ることのないようにするには、情報を入手する手段を多く持ち、また、常に公平・客観的な視点を持って異なる意見や信念に耳を傾け、相手の立場や背景に理解を示すことが大切です。

SNSで陥りがちなエコーチェンバー

SNSでは、同じ意見や考え方をもったコミュニティがあり、その人々とつながることで意見や考え方の相互確認とその強化が進みます。そうなると、異なる意見に対して閉鎖的になってしまいがちです。たとえば、SNS上で差別的な発言に対して、同じ意見や考えの人たちが「いいね！」を押したり、共感するコメントを繰り返したりすることで同じ意見や考えの人たちの間で確信化され、エコーチェンバーが形成されることがあります。

メディアで陥りがちなエコーチェンバー

メディアでもSNSと同様の現象を引き起こします。たとえば、そのメディアから偏りのある情報の提供が行われたときに、その主張に賛同する特定の人たちのエコーチェンバーが形成されることがあります。

コツ4 偏見を蔓延させる「ポスト・トゥルース」

　ポスト・トゥルースとは、真実や事実よりも感情や個人的な思い・信念が先行して、真実や事実に基づかない間違った情報や主張が広く拡散されるようになった現象を指します。

　多くの人々がこうした事態に陥ると、真実や事実よりも個人的な感情、意見や思い・信念が優先されるため、その信念に合わない情報は受け入れられず、真実や事実が伝わらずに、歪められた情報の拡散によって社会的な問題が引き起こされる危険性があることです。

　なお、フェイクニースとポスト・トゥルースは、両方とも現代社会におけるデジタル情報の扱いに関連する概念で、似たような意味合いがあるために混同されがちですが、その違いは、フェイクニースが虚偽情報を意図的につくり出し、拡散することに対して、ポスト・トゥルースは、現実には真実や事実でなくても、それが人々の感情や思い・信念に合致する場合には真実や事実として受け入れられるという危険性です。

現代社会の盲点

　私たちがともするとポスト・トゥルースに陥ってしまう原因・背景には、現代社会における情報過多の問題があります。20世紀末に誕生したインターネットは、人類にとって大変利便性のある道具であると同時に、大量の情報流通を社会にもたらしました。そうした状況の中で、情報に疲れた人々は、事実を確認する時間や意欲が低下して、流れてきた情報を簡単に受け入れるようになる傾向があります。そのようなことから、ポスト・トゥルースが広まる危険性があるのです。

　私たちが気をつけなければならない点としては、繰り返しになりますが、その情報が事実や根拠のある情報なのかを見極めることと、情報源を把握して情報の信頼性を確認することです。

👍 **100万**

まとめ

ステップアップのために これだけは心がけよう!!

①日ごろから、それが信頼できる情報であるかどうか、情報源を確認する習慣を持つ。
②歪められた情報の拡散に加担しない。
③常に公平・客観的な視点を持って異なる意見や信念に耳を傾け、相手の立場や背景に理解を示す。

監修 さらだたまこ

放送作家。
1959年生まれ。東京出身。慶應義塾大学経済学部卒業。
大学在学中より、渋谷「アナウンス学園」にて元NHKアナウンサー、故・藤倉修一氏に師事し、また、青山「シナリオセンター」、六本木「放送作家教室」にて脚本を学ぶ。
大学在学中に、NHK第一放送『午後のロータリー』でパーソナリティー、ニッポン放送『夜のドラマハウス』で脚本家デビュー。大学卒業後は放送作家として、また劇作家、エッセイストとして活動。これまで手がけた番組は『料理バンザイ！』(テレビ朝日)、『おしゃれ』(日本テレビ)、『JET STREAM』(TOKYO FM)、『日本語歳時記・大希林』(NHK教育)、他多数。主な著書は『パラサイトシングル』(WAVE出版)、『ブルゴーニュの小さな町で』(大和書房)、『幸せを呼ぶキッチンの片づけ術』(スタンダーズ出版)など多数。また『カフェ・ラ・テ』(ラジオ日本)では9年間、パーソナリティーを務めた。
2015年より、市川森一・藤本義一記念 東京作家大学学長に就任。
NHK杯全国高校放送コンテスト全国大会決勝審査員は2013年(第60回)より毎年務めている。
ほかに、ギャラクシー賞、民間放送連盟賞など審査員を歴任。
一般社団法人日本放送作家協会前理事長、日本ペンクラブ会員、日本脚本家連盟会員、放送批評懇談会会員。

企画・構成・編集	有限会社イー・プランニング
デザイン・DTP	株式会社ダイアートプランニング／今泉明香、白石友祐
撮影	上林徳寛
執筆協力	小林英史、葛西愛、川添富美
取材・撮影協力	千葉県立柏中央高等学校放送部、笹岡正之、高橋史典

部活でスキルアップ！
放送部 活躍のポイント 増補改訂版

2023年5月15日　第1版・第1刷発行

監　修　さらだたまこ
発行者　株式会社メイツユニバーサルコンテンツ
　代表者　大羽 孝志
　〒102-0093 東京都千代田区平河町一丁目1-8
印　刷　株式会社暁印刷

ご意見・ご感想はホームページから承っております
ウェブサイト　https://www.mates-publishing.co.jp/

編集長：堀明研斗　企画担当：堀明研斗

※本書は2019年発行の『部活でスキルアップ!放送 活躍のポイント50』を元に、新しい内容の追加と必要な情報の確認・更新、書名の変更を行い、「増補改訂版」として新たに発行したものです。